国家自然科学基金项目(51964043)资助
新疆维吾尔自治区杰出青年科学基金项目(2022D01E31)资助
新疆维吾尔自治区"天山英才"培养计划项目(2022TSYCCX0037)资助
新疆维吾尔自治区重点研发专项任务项目(2022B01034、2022B01051)资助

弱胶结地层岩石采动力学响应及保水开采机理研究

刘洪林　著

中国矿业大学出版社

·徐州·

内 容 提 要

本书基于新疆伊犁矿区典型弱胶结煤系地层条件,系统性地研究了弱胶结地层典型岩石对开采扰动的力学响应机制,首次提出并阐释了基于岩石损伤变形程度的隔水层采动稳定性定量表征方法、基于隔水层变形的煤层组等效采厚定义和计算方法,揭示了弱胶结地层特厚煤层组保水开采机理,建立了伊犁矿区保水开采地质条件及开采方法适应性分类方法和标准。主要内容包括:弱胶结地层岩石对开采扰动的力学响应机制、弱胶结采动覆岩协同变形规律、弱胶结采动地层隔水层稳定性力学分析、特厚煤层组开采隔水层损伤特征与等效采厚和伊犁矿区保水开采方法适应性分类。

本书可供从事采矿工程、岩土工程、工程地质等领域的科技工作者和工程技术人员参考使用,亦可作为高等院校相关专业研究生、本科生的参考书。

图书在版编目(CIP)数据

弱胶结地层岩石采动力学响应及保水开采机理研究/
刘洪林著. —徐州:中国矿业大学出版社,2023.9
ISBN 978 - 7 - 5646 - 5972 - 1

Ⅰ. ①弱… Ⅱ. ①刘… Ⅲ. ①胶结作用-薄煤层采煤
法 Ⅳ. ①TD823.25

中国国家版本馆 CIP 数据核字(2023)第 187371 号

书 名	弱胶结地层岩石采动力学响应及保水开采机理研究
著 者	刘洪林
责任编辑	张 岩
出版发行	中国矿业大学出版社有限责任公司
	(江苏省徐州市解放南路 邮编 221008)
营销热线	(0516)83885370 83884103
出版服务	(0516)83995789 83884920
网 址	http://www.cumtp.com E-mail:cumtpvip@cumtp.com
印 刷	苏州市古得堡数码印刷有限公司
开 本	787 mm×1092 mm 1/16 **印张** 13.75 **字数** 269 千字
版次印次	2023 年 9 月第 1 版 2023 年 9 月第 1 次印刷
定 价	58.00 元

(图书出现印装质量问题,本社负责调换)

前　言

　　能源开发利用必须与经济、社会、环境全面协调和可持续发展是当前国际社会的普遍共识。煤炭作为我国的主体能源,在经济建设和社会发展中发挥着至关重要的作用,但是长期大规模、高强度的煤炭资源开发也对我国水资源和生态环境造成了较为严重的破坏。随着东部地区易采煤炭资源逐渐枯竭和西部大开发新格局的形成,我国煤炭资源开发的重心正在快速向西部生态环境脆弱地区转移。由于西部矿区煤层埋藏浅、厚度大、地层新,匮乏的水资源受地下开采影响更加敏感,实现煤炭资源开发与水资源、生态环境承载能力相协调,是新时期煤炭行业发展必须要面对和解决的问题。新疆维吾尔自治区是我国预测煤炭资源最丰富的省区,新疆大型煤炭基地建设承载了服务和保障国家能源安全的重要使命。根据《国家中长期能源发展战略规划纲要(2021—2035)》和《国家"十四五"现代能源体系规划》,"十四五"期间新疆地区煤炭产能将由当前 3.0 亿 t/a 增加到 4.6 亿 t/a,产能增幅超过 50%。然而,新疆整体位于干旱半干旱区,脆弱的生态环境条件下,大规模高强度煤炭开采过程中的水资源保护问题是新疆优势煤炭资源开发与区域社会经济发展急需解决的难题。

　　保水开采作为解决煤炭资源开发过程中水资源和生态环境保护问题的重要技术手段,近年来一直是学科和行业领域研究的热点。相关专家针对神东、榆神府等矿区条件,研究提出类型各异的保水开采控制层理论,并成功开展工程实践。学术界普遍认为隔水层的采动稳定性是保水开采的关键,即隔水层在煤层开采后依然保持完整或在短时间内可恢复隔水性,保水开采就能实现。围绕隔水层采动稳定性控制目标,基于榆神等矿区的地质条件,重点针对采动覆岩的破断特征和结构稳定性展开研究,初步形成了隔水层采动稳定性判据及控制方法。然而,新疆地区煤系地层以侏罗、白垩和古近纪的弱胶结地层为主,特厚煤层广泛赋存,弱胶结地层岩石对开采扰动的力学响应机制及现有保水开采理论与方法在新疆特殊煤系地层条件下的适用性还有待进一步研究。

弱胶结地层岩石普遍具有的易扰动和遇水软化膨胀特性对保水开采而言,一方面有利于隔水层裂隙闭合和隔水性能恢复;另一方面,遇水后岩石强度劣化又会降低采动覆岩的结构稳定性,不利于隔水层稳定。为此,基于新疆典型弱胶结地层特厚煤层(组)开采条件,分析弱胶结地层岩石的力学响应机制和结构稳定特性,研究采动覆岩综合阻隔水性能演化规律,揭示弱胶结地层特厚煤层保水开采机理,建立保水开采地质条件及开采方法适应性分类方法和标准对于新疆大型煤炭基地建设具有积极意义。

全书共7章。第1章简要回顾弱胶结地层岩石力学属性、采动覆岩活动规律及保水开采机理与方法等方面的研究现状,提出本书的主要研究内容与研究方法。第2章通过测定不同围压和不同含水率条件下弱胶结地层典型岩石应力-应变关系、采动应力路径下弱胶结地层岩石渗流特性,定义应力敏感系数和水敏感系数,分析各类岩石对应力环境、水饱和状态的差异化力学特性及渗透率演化规律,揭示弱胶结地层岩石对煤层开采扰动的力学响应机制。第3章监测分析不同开采方式和时步条件下弱胶结地层覆岩"下位基本顶"周期破断、"中位阻隔层"成组运动及"上位隔水层"协同变形的特征参数,研究弱胶结地层采动覆岩活动和协同变形规律。第4章构建弱胶结采动地层隔水层稳定性力学模型,推导出隔水层稳定性力学判据,分析研究煤层开采尺寸、阻隔层厚度及隔水层厚度对隔水层采动稳定性的影响规律。第5章基于实验室测试结果的数值计算反演,提出弱胶结岩石采动损伤表征方法,分析煤层组开采过程中隔水层的损伤特征,综合考虑采动覆岩卸荷膨胀累积效应,创新出基于隔水层变形的煤层组等效采厚计算方法,揭示弱胶结地层重复采动覆岩渗透率演化规律。第6章建立伊犁矿区保水开采地质条件及开采方法适应性分类方法和标准,划分出伊犁矿区保水开采方法适应性分类,并通过伊北煤田工业性试验验证了理论成果的正确性和方法技术的有效性。第7章对本书内容进行总结归纳和研究展望。

　　本书研究工作得到了中国矿业大学张东升教授、柏建彪教授、张吉雄教授、茅献彪教授、马立强教授、王旭锋教授、范钢伟教授、王襄禹教授、张炜副研究员、闫帅副教授等专家的大力支持和帮助,在此表示感谢。同时感谢中国矿业大学张少华高级工程师、宋万新高级工程师,中南大学马春德教授、程继鑫博士,中国安全生产科学研究院池明波高级工程师,太原理工大学张帅博士,新疆大学王宏志副教授、赵红超副教授、李国栋讲师在本书实验研究方面给予的大量帮助。此外,本书地质资料收集、试样采集、现场实测和实验测试等工作得到了伊犁新矿煤业有限责任公司工程技术人员及课题组博士、硕士研究生的帮助,在此一并表示感谢。

　　由于水平有限,书中难免存在不足之处,恳请读者批评指正。

作　者

2023 年 3 月

目 录

第1章 绪　　论

1.1　研究背景与意义

能源开发利用必须与经济、社会、环境全面协调和可持续发展是当前世界各国的普遍共识。煤炭作为我国的主体能源,在经济建设和社会发展中起到了至关重要的作用,但是长期大规模、高强度的煤炭资源开发也对我国水资源和生态环境造成了较为严重的破坏[1]。随着东部地区煤炭资源逐渐枯竭和西部大开发新格局的形成,我国煤炭资源开发的重心正在快速向西部生态环境脆弱地区转移[2-5]。当前西部大型煤炭生产加工基地陆续建成投产[6-7],但由于煤层普遍埋藏浅、厚度大、地层新,匮乏的水资源受地下开采影响十分敏感,矿区生态环境保护面临着极其严峻的挑战[8-10]。为此,实现煤炭资源开发与水资源、生态环境承载能力相协调,是新时期煤炭行业发展必须要面对和解决的问题[4-5,11]。

新疆维吾尔自治区位于我国西北,预测煤炭资源量居全国之首,占全国预测资源量的 40％ 以上[8,12],是国家重要的能源接替区和战略能源储备区[13-14]。为支撑"一带一路"核心区建设,新疆以准东、吐哈、伊犁、库拜四个大型整装煤田为重点,打造千万吨级矿井和亿吨级大型矿区,建设国家第十四个大型现代化煤炭基地[10]。然而,新疆整体位于干旱半干旱区,煤系地层以中生代侏罗系、白垩系和古近系的弱胶结地层为主[8,15-17]。由于弱胶结地层岩石的稳定性普遍较差[18-20],井下开采扰动对地表生态环境的影响将更加剧烈,极易造成含水层破坏、浅表水流失、地表植被死亡等一系列生态环境破坏。伊犁作为新疆四大整装煤田中唯一的绿洲矿区,依托丰富的煤炭和水资源优势,已获批为我国七大煤化工基地之一[10]。随着煤化工产能的释放,煤炭资源开发强度逐渐加大,荒漠绿洲生态系统已受到严重威胁。弱胶结地层煤炭资源开采过程的水资源保护现已成为制约新疆区域经济和社会发展迫切需要解决的难题。

保水开采作为解决煤炭资源开发过程中水资源保护问题的重要技术手段，近年来一直是采矿和工程地质学科领域研究的热点。相关专家针对神东、榆神府等矿区条件，研究提出了类型各异的保水开采控制层理论，或为隔水层（组）或为关键层，并成功开展了相应工程实践[5,21]。学术界普遍认为隔水层的采动稳定性是保水开采的关键，即隔水层在采后依然保持完整或在短时间内可恢复隔水性，保水开采就能实现[22-26]。围绕隔水层采动稳定性控制目标，当前主要针对榆神等矿区地质条件，基于对采动覆岩的破断特征和结构稳定性分析，初步形成了隔水层采动稳定性判据及控制方法[27-29]。然而，对于新疆弱胶结煤系地层特厚煤层（组）开采条件，因岩石力学属性的显著差异，采动覆岩破断和移动规律明显不同，且破断岩层难以形成稳定结构，现有隔水层稳定性判据的适用性和保水开采控制方法的有效性均需要进一步研究和完善[30-31]。

综上，基于新疆伊犁矿区弱胶结煤系地层条件的典型性及荒漠绿洲生态系统水资源保护需求的迫切性，本书以伊犁矿区煤岩地质条件为背景，重点分析弱胶结岩石对开采扰动的力学响应机制，研究特厚煤层（组）开采条件下弱胶结采动地层覆岩"隔-阻-基"协同变形运动规律、隔水层采动损伤特征及稳定性，以揭示弱胶结地层特厚煤层（组）保水开采机理，并对矿区地质条件和保水开采方法进行分类。本书研究成果可进一步充实现有保水开采理论，为新疆大型煤炭基地建设过程中煤炭资源的生态环境保护性开采技术开发提供理论基础，对区域经济建设和社会发展将起到积极的推动作用。

1.2　国内外研究现状

本书以新疆伊犁矿区典型弱胶结煤系地层赋存条件为基础，开展保水开采机理相关研究，研究内容主要涉及弱胶结地层岩石力学属性、采动覆岩活动规律和保水开采（采煤）机理及方法三个方面。文献检索表明，国内外学者在上述研究领域均已开展了程度不同的大量研究工作，取得了丰富的理论成果和工程经验，这些成果及其研究方法为本书提供了研究基础和良好的借鉴资料。

1.2.1　弱胶结岩石力学性质

我国西部地区广泛分布中生代侏罗系、白垩系弱胶结煤系地层。该类地层岩石普遍具有胶结松散、孔隙率高、力学强度低和水软化特性明显的特点,甚至部分岩石遇水后还具有强膨胀和崩解特性,与我国中部和东部矿区煤系地层岩石力学属性具有明显差异。为掌握弱胶结岩石的力学属性,国内外学者对各类弱胶结岩石开展了大量实验测试和理论研究,取得了丰富的研究成果。

Nguyen 等[18]通过对弹性、塑性状态下弱胶结砂岩的宏观力学特性和渗透参数测定,综合应用多尺度成像方法,在分析弱胶结砂岩微观结构特征的基础上,研究了不同应力路径条件下弱胶结砂岩的塑性流动力学行为,认为弱胶结砂岩渗透率演化与弹塑性状态下的体积应变密切相关,且主要受屈服前的平均压应力控制。Erguler 等[32]通过对土耳其不同类型富黏土矿物岩石室内试验结果的分析,量化了含水量对岩石力学性能的影响,总结了岩石遇水后强度弱化的内、外部因素及各参数的相关性。

李化敏等[33-36]根据神东矿区煤系地层条件,通过实验测试的方法分析了弱胶结砂岩抗拉强度、抗压强度、弹性模量、黏聚力、内摩擦角等宏观力学参数和孔隙率、孔隙度、孔隙分布等细观结构的分形特征,对比弱胶结砂岩与常规砂岩的区别。在此基础上,对弱胶结砂岩微观结构、力学性质及声发射特征之间的关系进行了系统性研究,揭示了弱胶结砂岩与常规砂岩存在显著力学属性差异的原因,构建出了反映弱胶结岩体特殊属性的损伤力学模型。

王渭明等[17,19-20,37-41]通过单轴和三轴压缩实验分析了弱胶结地层泥岩、砂质泥岩在不同含水率和围压状态下的变形特征和破坏行为,将其应力-应变曲线划分为初始塑性阶段、弹性阶段、应变硬化阶段、应变软化阶段和残余阶段五个区间,以刚度和强度劣化系数为指标,综合考虑弱胶结软岩峰后应变软化和塑性扩容特性,基于损伤理论建立非均匀应力场下弱胶结岩石的弹塑性流动损伤模型,得出了弱胶结岩石围岩弹性损伤区、塑性软化损伤区和塑性流动损伤区的应力、位移解析解,探讨了弱胶结岩石巷道的原岩应力水平、刚度劣化、扩容梯度等对围岩的损伤演化及位移场、塑性圈的影响规律。

孟庆彬等[42-50]以内蒙古五间房煤田白垩系的泥岩、泥质砂岩为研究对象,首先采用岩石失吸水实验、三轴压缩实验分析了不同含水率弱胶结泥岩的破坏形式,认为当岩样在低含水状态时以张性破坏为主,在高含水状态时则表现为塑性流动与剪切相结合为主的破坏形式。然后对弱胶结破裂岩石进行结构重组和力学测试,分析泥质弱胶结岩石的重组力学机制,研究弱胶结重组岩石力学性质随黏土矿物含量和含水率变化的演化规律,构建泥质弱胶结岩石的水化-力学耦合损伤本构模型,给出了峰前损伤扩容与峰后破裂扩容的屈服准则,揭示了弱胶结泥岩的峰后应变软化与体积扩容变形特性。

纪洪广等[51-61]以内蒙古红庆河煤矿弱胶结砂岩为研究对象,通过对单轴压缩破坏过程的声发射特征分析,发现应变软化阶段后出现了应力恒定应变增加的胶结延性阶段。根据弱胶结砂岩的细观结构特征与宏观力学响应规律,通过理论推导的方法,综合分析岩石矿物成分和细观结构特征对其静力学、动力学属性影响规律,研究了弱胶结砂岩遇水软化的细观结构变化到宏观变形破坏的演化机制,认为弱胶结砂岩受力变形破坏过程中存在类相变临界状态,即胶结颗粒发生由连续状态向离散状态转化的临界状态。此外,还基于温度和围压对弱胶结砂岩渗透性的影响规律分析,认为岩石对温度和围压的敏感性随粒径的减小而增大,围压对渗透率的影响更为明显[62]。

Zheng 等[63]采用三轴压缩、蠕变试验分析了多孔砂岩的长期变形行为,通过对比不同应力分量下多孔砂岩随时间变化的变形规律,发现多孔砂岩在静水应力和非静水应力状态下均表现出黏性体积特性,利用体积黏度参数对 Burgers 模型进行了修正,构建了弱胶结多孔砂岩的蠕变模型。

杨天鸿等[64-65]对陕北煤田榆横矿区侏罗系和白垩系不同粒径弱胶结砂岩进行单轴和三轴压缩试验,通过监测声发射特征和破坏形式,分析了试验各加、卸载周期内弱胶结砂岩试样塑性应变能储存及累计速度变化特征;在此基础上,研究了粒径和应力路径对弱胶结砂岩塑性应变能和变形特征的影响规律,认为塑性应变能比残余应变更加真实地反映了弱胶结岩石在受载过程中的状态变化,揭示了不同粒径弱胶结砂岩的塑性应变能和塑性变形变化规律。

宋勇军等[66]通过对经历不同干湿循环的弱胶结砂岩进行核磁共振测试,分析孔隙度与岩石损伤变量之间的量化关系,提出以孔隙度变化表征岩石损伤状态,建立不同干湿循环与损伤变化之间的函数关系,结果表明弱胶结岩石损伤程度随干湿循环次数的增大而增加,但随着循环次数的持续增加,损伤速率则逐渐降低,直到损伤变量趋于稳定。

1.2.2 弱胶结采动岩层移动规律

李忠建[67]针对新疆伊犁矿区弱胶结覆岩开采地质条件,在系统分析顶板含水层厚度、富水性与导水性特征、隔水层厚度变化规律的基础上,运用数值分析方法研究了不同采高条件下煤层开采覆岩运动规律,将弱胶结覆岩划分为"半-低"四带和"半-低"两带两种类型,应用"短砌体梁""台阶岩梁"等采动岩层结构力学理论分析评价顶板结构稳定性,划分出覆岩隔水性能分区,提出了防治水

技术途径与措施。

李建伟[68]以内蒙古准格尔矿区典型浅埋厚煤层开采地质条件为背景,通过构建覆岩承载关键层深梁结构力学模型,分析了深梁结构承载关键层初次破断和周期性破断的破断特征、失稳运动形式及其影响因素,结合串草圪旦井田地表采动裂缝实测结果,研究了覆岩断裂裂缝的动态时空演化特征、类型和分布范围,揭示了西部浅埋厚煤层采动覆岩贯通型地裂缝的形成机理。

孙利辉[69-71]基于内蒙古东胜煤田红庆河煤矿地层特征,对比了西部弱胶结岩石力学性质与中东部矿区的差异,通过分析开采扰动下弱胶结岩层覆岩的变形移动特征及采空区冒落弱胶结岩石破碎-固结过程的力学和变形规律,构建弱胶结地层大采高工作面覆岩结构演化模型,总结了弱胶结地层大采高工作面冒落带分布特征及其与裂隙带协同演化规律,揭示了弱胶结地层大采高工作面矿压显现规律、支架与围岩间的作用机理。

宁建国等[72-73]以鄂尔多斯盆地煤系地层典型结构特征为基础,对比分析不同沉积构造的弱胶结岩体细观结构和宏观力学参数,构建相似材料实验模型,研究发现浅埋煤层弱胶结顶板中存在着由若干小段的破断岩块因挤压作用形成的岩梁结构效应即"岩块挤压岩梁",这类结构不仅可以传递水平载荷,还可以起到减缓上覆岩层垮落对支架的冲击载荷,以此为基础建立浅埋弱胶结顶板结构模型,确定了工作面支架与围岩的关系。

张洪彬等[74-75]以复采再生顶板结构模型为基础,构建弱胶结岩梁的3DEC数值模型,模拟结果表明再生顶板弱胶结压实带内岩梁失稳前通常为稳定的块体三铰拱结构,在上覆载荷作用下铰点发生塑性变形,导致三铰拱稳定性降低进而发展至整层岩梁失稳垮落。

王冰[76]通过对比位于黄土高原与毛乌素沙漠交界的营盘壕煤矿、小纪汗煤矿地层结构特点,构建相似模拟和数值计算模型,分析了弱胶结覆岩地表动态移动变形规律,推导出弱胶结采动覆岩垮落带高度预测方法,总结了影响弱胶结覆岩地表下沉系数的弱胶结岩石水化膨胀、冲洪积砂流动等因素。

高尚等[77]通过对新疆哈密大南湖矿区侏罗系弱胶结地层岩石的微宏观结构、胶结特征的测试,分析了弱胶结地层大采高工作面覆岩"梯台"型导水裂隙发育范围的基本特征,研究了弱胶结地层结构条件下采动导水裂隙的水文地质效应,揭示了弱胶结地层条件下采动裂隙萌生-发展-贯通的破坏机制。

1.2.3 保水开采机理与方法

虽然国外没有明确系统地提出与保水采煤相似的采矿概念[78-79],也鲜有文献从采矿的角度提出系统、具体的保水采煤方法,但美国、澳大利亚及欧洲等主要产煤国家自 20 世纪 70 年代就开始关注矿区水资源保护,并出台了以"Surface Mining Control and Reclamation Act,SMCRA"为代表的采矿管理与复垦相关法案[80]。国外对矿区水资源保护的相关研究重点针对矿区地下水动力场、系统状态的保护和矿区水资源系统的采后恢复,研究成果主要集中在两个方面:一是 Booth 等[81-82]通过实测,发现采动之后依然具有隔水能力的阻隔层(组),可阻断上覆含水层与采空区的水力联系,保证水资源不会遭到破坏,并针对中间阻隔层(组)的临界厚度进行了研究;二是 Hill 等[83-85]认为覆岩的采后压实和含水层的补给可使采动后水位恢复,主要原因有采动裂隙闭合和采后孔隙率变化的影响。

"保水采煤"的概念源于 1992 年陕西煤田地质局范立民在论述神北矿区的主要环境地质问题时,对"陕北煤炭开采过程中的地下水保护"叙述的观点[86-87]。自 90 年代"保水采煤"被正式提出以来,我国众多学者围绕保水开采机理与方法开展了大量的理论研究与工程实践[88-89]。

(1) 保水开采机理

① 基于"三带"发育保水采煤机理。我国对保水开采机理的认识最初基于传统"三带"发育理论。侯忠杰等[90-93]认为含水层或水体位于采动形成的弯曲下沉带或以上,采动影响就不会导致含水层破坏,可以实现保水采煤。赵兵朝等[94-98]认为由于覆岩结构中的关键层对上覆岩层导水裂隙的发育和演化具有控制作用,基于关键层结构的采动稳定性确定覆岩导水裂隙带发育高度是实现保水开采的关键。

② 隔水关键层控制理论。缪协兴、浦海等综合应用采动岩体渗流理论与岩层控制关键层理论,提出了保水开采隔水关键层的原理和判别准则。隔水关键层是煤层与覆岩含水层之间存在的强度较大并对岩层组变形具有控制作用的岩层,它单独或与渗透率低的较软岩层组合形成能抵抗一定天然构造应力、水压力、围岩应力的结构[99-100]。该理论认为,保水开采的目标就是控制隔水关键层不形成渗流突变通道[88,101-103]。

③ 隔水层稳定性控制原理。王双明、范立民、黄庆享等基于强松散含水层下保水开采的隔水层岩组特性,分析含水层底部土层和基岩风化带的隔水作用,研究采煤对覆岩、含水层和隔水层的损伤机理,划分出采动影响条件下含(隔)水层结构变异类型,明确了西部矿区浅埋煤层保水开采的核心理念是保护生态水位,实现保水开采关键是要保持隔水层的采动稳定性[4-5,21,23,104-107]。此

外,黄庆享总结了隔水岩组的"上行裂隙""下行裂隙"发育规律及隔水岩组隔水性判据[23,105-106,108-113]。

④ 采动覆岩整体阻水性能控制原理。作者团队[10,114-130]基于神东、神南等矿区保水开采理论与工业性试验研究认为,覆岩上位含水层底部第一隔水层、覆岩中位阻隔岩层(组)以及下位煤层基本顶的相互作用,共同控制着采动裂隙的扩展与分布、层间层内导水裂隙与通道的发育深度和广度。只有从"隔-阻-基"构成的覆岩结构整体入手,建立覆岩不同阻水性能分级条件下的开采控制方法,才能实现保水采煤效果的有效控制。

(2) 保水开采方法

近年来,国内针对保水开采的对策和方法开展了大量研究和工程实践。韩树青等[87]最早提出了陕北侏罗纪煤田开发应高度重视对萨拉乌苏组地下水的保护、开发和合理利用,指出对于煤层开采导水裂隙带到萨拉乌苏组含水层的区域,应采用充填式采煤方式保护地下水。范立民[86,131]通过分析工作面开采导致浅表水位下降,进而造成植被枯死的主要过程,认为大面积和高强度煤炭资源开采将造成脆弱生态环境破坏,指出若合理划分开采区域、有针对性地确定开采方法可以实现保水开采,由此划定了 3 类开采地质条件分区。李文平等[132-133]深入分析了陕北和神东矿区侏罗系煤系地层的煤岩特性和组合关系、含水层与隔水层的空间关系等工程地质和水文地质条件,并划分出了 5 类保水采煤工程地质条件分区,定义出了 4 种典型保水采煤环境工程地质模式,并结合浅表层水资源量和保水采煤环境工程地质模式分布特征,提出了保水采煤矿井等级类型划分方法和各级保水采煤矿井适用的开采方法。缪协兴等[99-101]通过分析隔水层力学性质,基于矿区水文地质结构、采动覆岩导水裂隙发育规律、隔水关键层稳定性等多个方面内容,综合确定了保水开采的 4 种基本类型,并针对神东矿区划定了保水开采的工程地质分区。马立强、许玉军等[134-135]基于陕北榆神矿区工程地质及水文地质条件提出了"五图-三带-两分区"保水开采地质分类及方法。

刘洋等[136]建立了"围岩-煤柱群"整体力学模型计算方法,认为只有煤柱群的长时稳定,才能保证水体(含水层)不受破坏,从而达到保水采煤的目的。王双明等[29,104,137]提出了基于地表生态水位保护的煤炭资源开采理念,针对榆神府矿区生态水位保护,确定了具体的区域地质条件分区,并开发出以条带充填开采为主的保水开采方法。黄庆享等[109-110,138]基于隔水层应力-应变全程相似原理,构建了相似实验模型,分析了陕北榆树湾煤矿的隔水层采动稳定性,提出了限高开采和局部充填相结合的保水开采方法,并取得了工业性试验的成功。张杰[139]提出了一种适合于榆神府矿区特定地质条件下中小型煤矿的长壁间歇式推进保水采煤方法。王悦等[140]通过分析不同采高条件下导水裂隙带发育规律及其对生态潜水的影响程度,认为导水裂隙带发育高度主要受采高控制,提出了分层限高间歇式开采的保水开采方法。王苏健等[141]采用奥灰水联合黄土制备注浆材料对采动有效隔水层进行注浆防渗改造,实现了底板"保水采煤"的目的。张发旺[142]提出了"含水层再造"和"再造的含水层"概念,简要阐述了利用"含水层再造"实现"保水采煤"的机理及方法。

作者团队[9,126-129]针对神东矿区三类典型浅埋煤层赋存条件,根据基岩厚度、含水层富水性、最大采高、工作面最大推进速度的不同,将神东矿区保水开采技术适用条件分为 7 类,可选出适宜的采煤方法及是否需采用局部处理措施,并对工作面最大采高和最大推进速度提出了量化要求,成功指导了 3 个综采工作面保水采煤实践;近年来团队又相继提出了短壁连采、块段式/宽巷式壁式充填及"采充并行"式等保水采煤方法[119-121,135,143-145]。

1.3　存在的主要问题

围绕弱胶结地层特厚煤层保水开采机理相关问题,国内外学者在弱胶结岩石力学性质及弱胶结采动岩层移动规律方面开展了大量研究,相关专家亦针对陕北、榆神等矿区生产地质条件开展了保水开采理论和工程实践研究,取得了丰富的成果,但仍然存在一些亟须解决或需进一步深入研究的问题。

(1)弱胶结地层主要类型岩石对开采扰动的力学响应机制相关研究较少或不深入。西部矿区广泛赋存的弱胶结煤系地层普遍成岩时期较晚、成岩环境特殊,弱胶结地层岩石的力学性质与东部矿区存在显著差异。已有研究表明该类地层岩石的力学性质普遍较差,当受到水体浸润以后强度和变形特征将发生明显变化。弱胶结煤系地层在经受开采扰动时,由于弱胶结覆岩的应力场、裂隙场和渗流场的变化[30],采场中受开采扰动影响的多个岩层所处应力环境和饱水状态会发生变化。现有研究成果主要集中于单一岩性、单变化围压和含水率条件,尚缺乏对弱胶结地层主要岩石类型及其在采场不同应力环境和饱水状态下响应特性的进一步研究探索。

(2)隔水层采动稳定性的合理表征方法亟须进一步研究。隔水层的采动稳定性决定了保水开采的成败,当前成果主要以采动导水裂隙带是否发育至隔水层,或者隔水层的采动变形程度是否达到极限变形量为评判依据界定隔水层采动稳定性,存在难以量化和经验性、随机性较大的问题。为此,开采扰动下隔水层稳定性的合理表征方法和判定准则均有待进一步深入研究。

（3）西部弱胶结地层近距离煤层组开采的覆岩活动及保水开采适应性分类相关研究较少或不深入。现有保水开采相关成果大都基于关键层结构理论,研究采动覆岩活动和隔水层变形规律。然而,对于弱胶结煤系地层这类无关键层结构覆岩,在开采扰动下的协同变形规律研究较少,且暂未见相应地质条件及保水开采方法适用性分类研究成果。为此,近距离煤层组开采过程中弱胶结覆岩活动规律及弱胶结地层条件保水开采适应性分类的研究亟待深入。

1.4　研究内容与方法

1.4.1　研究思路

针对我国西部地区弱胶结煤系地层广泛分布特点,围绕新疆生态脆弱区大规模煤炭开发过程中水资源保护的战略需求,以伊犁矿区典型弱胶结煤系地层赋存条件为背景,基于"中位阻隔层控制上位隔水层变形程度、下位基本顶影响中位阻隔层裂隙扩展"的学术思路开展研究。具体研究思路是通过分析弱胶结岩石对应力环境及饱水状态的力学响应机制,研究特厚煤层（组）开采条件下弱胶结采动地层覆岩"隔-阻-基"协同变形规律、隔水层采动损伤特征及稳定性,揭示弱胶结地层特厚煤层保水开采机理,进行矿区保水开采地质条件和方法分类,研究思路如图 1-1 所示。

1.4.2　主要研究内容

围绕研究目标,根据研究思路中提出的关键科学问题,确定本书主要研究内容如下:

（1）弱胶结地层岩石对开采扰动的力学响应机制

针对伊犁矿区弱胶结地层主要岩石类型,通过实验室测试的方法首先开展水软化特性、细观结构及矿物组分特征等岩石基本属性的测试,并以此为基础进行不同围压和不同含水率岩石试样的三轴压缩实验、采动应力路径条件下三轴压缩渗流实验,综合分析弱胶结岩石细观结构、矿物组分与岩石强度、变形特性的相关性,分析隔水层变形破坏机制,研究弱胶结岩石对应力环境和饱水状态的力学响应机制。

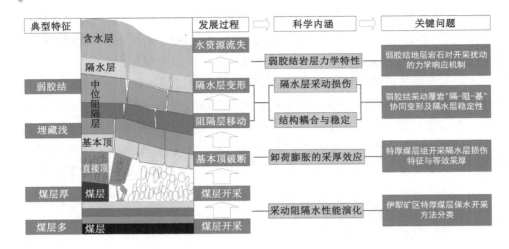

图 1-1　研究思路

（2）弱胶结采动覆岩"隔-阻-基"协同变形运动规律

根据伊犁矿区弱胶结地层典型煤岩结构特征及岩石力学参数测定结果,构建相似材料实验模型,分析在煤层组开采的单次和多次扰动下弱胶结覆岩"上位隔水层""中位阻隔层"及"下位基本顶"(隔-阻-基)的破断和移动规律,研究覆岩采动裂隙展布和隔水层变形位态特征,揭示弱胶结覆岩"隔-阻-基"协同变形运动规律及隔水层稳定的变形指标。

（3）弱胶结采动地层隔水层稳定性力学分析

基于弱胶结采动覆岩"隔-阻-基"协同变形规律,针对煤层组开采过程中隔水层典型位态特征,确定边界条件,构建隔水层稳定性力学模型,分析煤层采动过程中隔水层的应力和变形分布规律,研究隔水层采动失稳的理论判据和影响隔水层稳定性的主要因素,为保水开采地质类型划分提供基础。

（4）特厚煤层组开采隔水层损伤特征与等效采厚

分析覆岩隔水层试样变形破坏过程中的声发射特征,采用 UDEC 数值计算软件 Trigon 模型反演隔水层岩石力学参数,提出隔水层岩石采动损伤表征方法,分析近距离煤层组开采各阶段的隔水层损伤特性及隔水层变形复合效应,得出隔水层失稳的临界损伤值,结合相似模拟实验中近距离下位煤层开采引起的层间岩层垮落特征,研究提出基于隔水层变形的煤层组等效采厚定义、计算方法及重复采动覆岩渗透性演化规律。

（5）伊犁矿区特厚煤层保水开采方法分类

　　基于理论研究得出的隔水层采动稳定性影响因素,针对伊犁矿区地层结构特征变化规律,利用正交实验方法规划构建数值分析模型,应用隔水层采动损伤表征方法和失稳临界损伤值判据,进行伊犁矿区保水开采地质类型划分,结合现有采煤方法特点总结伊犁矿区保水开采方法适应性分类。

1.4.3　技术路线

　　本书综合采用实验室测试、物理模拟、理论分析、数值计算和现场实测等多种研究方法对新疆弱胶结地层特厚煤层开采水资源保护展开研究,研究技术路线如图 1-2 所示。

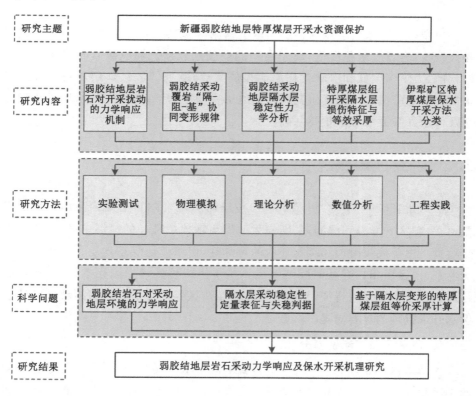

图 1-2　研究技术路线

第2章　弱胶结岩石对开采扰动的力学响应机制

　　伊犁矿区煤系地层以侏罗系和白垩系泥岩、砂岩、砂质泥岩为主,由于成岩年代较晚、岩石胶结程度低,属于典型的弱胶结岩层。弱胶结岩石普遍具有胶结松散、力学强度低和水软化作用明显的特点,掌握弱胶结地层岩石对开采扰动的力学响应机制是后续研究弱胶结地层采动覆岩活动规律、隔水层采动稳定性及保水开采方法等的重要基础。

2.1　研究区域概况

　　伊犁州直矿区(下称"伊犁矿区")位于新疆维吾尔自治区西天山北部的伊犁河谷,矿区气候温和湿润,是新疆大型煤炭基地中唯一的绿洲矿区,水资源十分珍贵。由于成煤时期和沉积环境的特殊性,伊犁矿区煤系地层主要为中生代侏罗系、白垩系和古近系弱胶结地层。基于伊犁矿区煤岩赋存条件,分析弱胶结煤系地层典型结构特征,是系统研究伊犁矿区特厚煤层开采覆岩移动规律及保水开采机理的重要前提。

2.1.1　研究区域煤炭资源分布

　　伊犁地区因伊犁河而得名,作为新疆流量最大的河流,伊犁河年总径流量约 165 亿 m^3。伊犁地区煤炭资源集中分布于伊犁河两岸,矿区地表面积约 5 800 km^2,煤炭资源远景预测储量超过 6 000 亿 t,占新疆已探明储量的近三分之一。伊犁河谷三面环山,矿区地表以山间平原盆地和低山丘陵地貌为主,广泛赋存适宜煤炭气化和液化的长焰煤。基于丰富的煤炭资源和得天独厚的水资源优势,伊犁矿区已获批成为我国七大煤化工基地之一[3]。

　　为推动伊犁地区优势煤炭资源开发,早在新疆维吾尔自治区煤炭工业"十一五"发展规划中就已明确把伊犁矿区列为自治区"煤电、煤化工开发保护基地",作为新疆维吾尔自治区重点开发和建设的"煤电、煤化工"五大基地之一进行规划,2007年经国家发展改革委员会审批和更名,形成了《新疆伊犁伊宁矿区总体规划》。根据地貌特点,伊犁矿区以伊犁河为界,由伊南、伊北两个煤田组成[146],伊宁市位于伊南、伊北煤田之间。其中:伊南煤田北距伊宁市30.0～80.0 km,伊北煤田南距伊宁市15.0～40.0 km。

伊南煤田位于伊犁河南的察布查尔锡伯自治县南部,东西长约78.0 km,南北宽10.0～12.0 km,面积约761.0 km²;伊北煤田位于霍城县东南部,伊宁县西北部,东西长31.1～50.0 km,南北宽5.6～11.1 km,面积约417 km²。矿区开发建设采用一次规划、分期建设、逐步实施的方案,建设完成后的矿区煤炭产能规模为31.10 Mt/a[146]。

2.1.2　典型地层结构特征

伊犁(宁)盆地是一个中生代的山间坳陷盆地,北靠科古琴山,南邻察布查尔山脉,东以喀什河为界,西部延入哈萨克斯坦共和国境内,总体呈东窄西宽的楔形展布。伊犁盆地的沉积基底为上古生界二叠系、石炭系、泥盆系地层,伊南煤田位于伊犁盆地南缘斜坡带上,伊北煤田位于伊犁中央坳陷带北缘博罗霍洛复式背斜南翼,区域地貌类型上属山前黄土丘陵岗带。

伊犁矿区煤系地层由老至新分别为中生界三叠系(T)、侏罗系(J)、白垩系(K),新生界第三系(N)、第四系(Q),区域地层的层序结构特征如表2-1所示。矿区主要成煤时期为侏罗纪,含煤地层组均属于侏罗系水西沟群($J_{1-2}sh$),包括:西山窑组(J_2x)、三工河组(J_1s)和八道湾组(J_1b)。西山窑组(J_2x)含煤$_1$-煤$_{12}$,三工河组(J_1s)含煤$_{13}$-煤$_{15}$,八道湾组(J_1b)含煤$_{16}$-煤$_{28}$。伊南煤田主采煤层是位于西山窑组(J_2x)的煤$_3$、煤$_5$,伊北煤田主采煤层是位于八道湾组(J_1b)的煤$_{21-1}$、煤$_{23-2}$、煤$_{27}$和煤$_{29}$。根据伊犁矿区已经开展的地质勘探结果来看,全区赋存稳定的可采煤层基本成组分布(如煤$_3$-煤$_5$、煤$_{21-1}$-煤$_{23-2}$)且普遍厚度较大,平均可采厚度4.62～19.21 m,为厚/特厚煤层,具体如表2-2所示。为便于表达,按照习惯性称呼,伊犁矿区主采煤层下文统一称为3号煤层、5号煤层、21-1煤层、23-2煤层、27煤层及29煤层。

通过对比《新疆伊宁南部煤田红海沟-达拉地一带地质勘查总结报告》和《新疆伊宁北部煤田晓尔布拉克-吉尔格朗一带地质勘查总结报告》,结合在建矿井所揭露出的水文地质特征综合分析,伊犁矿区煤系地层较稳定分布的含水层有 5 层，$H_1 \sim H_5$ 含水层具体地层分布情况如表 2-3 所示。

表 2-1　区域地层层序结构特征

地层					厚度 /m	岩 性 特 征
界	系	统	群	组		
新生界	第四系（Q）	全新统（Q^4）			0～500	坡积残积物（Q^3），冲积偶含砾砂土及洪积沉积（Q^4），冲洪积孔隙弱～中等含水，受降水渗透及南、北山雪水侧渗补给
		上更新统（Q^3）			30～150	
	新近系（N）				0～700	上部为棕色粉砂岩夹薄层细砂岩及砂砾岩；中部为一套厚层红色泥岩及紫红色粉砂岩互层；下部为一套褐黄色砂岩及紫红色粉砂岩互层
	古近系（E）				$\dfrac{0～480}{120}$	上部为暗红色泥岩、粉砂岩，褐黄色、褐红色砂岩，粉砂岩夹砾岩；中部为厚层状褐黄、浅褐黄色砾岩、砂砾岩；下部为褐黄色厚层状粗砂岩及砂砾岩
中生界	侏罗系（J）	中统	水西沟群（$J_{1-2}sh$）	西山窑组（J_2x）	$\dfrac{50～263}{154}$	岩性为灰色砂岩、黏土岩、碳质泥岩，含 C 组煤层（煤$_{1-12}$），为本区主要含煤地层
		下统		三工河组（J_1s）	$\dfrac{59～162}{113}$	岩性为黄色砂砾岩、砂岩、黏土岩，夹煤线及铁质砂岩，此组不含可采煤层（煤$_{13-15}$）
				八道湾组（J_1b）	$\dfrac{236～560}{356}$	上段为灰白色砂岩、砾岩、黏土岩、页岩互层，含 B 组煤层。下段为绿-黄绿色细砂岩和中砂岩、泥质粉砂岩、泥岩，含 A 组煤
	三叠系（T）	上统	小泉沟群（$T_{2-3}xq$）	赫家沟组（T_3h）	$\dfrac{650～780}{700}$	上部为灰色、灰黄色粉砂质泥岩、泥质砂岩、砂砾岩、碳质页岩。中下部为紫红-砖红色泥岩、粉砂质泥岩、泥质砂岩。该群不含煤，不整合于古生代地层之上

表 2-2　主采煤层厚度特征

煤层编号	最小厚度/m	最大厚度/m	平均厚度/m	所属地层
3	2.55	20.55	12.42	西山窑组(J_2x)
5	0.15	27.21	19.21	西山窑组(J_2x)
21-1	0.94	8.93	4.62	八道湾组(J_1b)
23-2	1.45	16.9	8.81	八道湾组(J_1b)
27	0.95	9.45	4.77	八道湾组(J_1b)
29	0.91	15.45	4.68	八道湾组(J_1b)

表 2-3　矿区含/隔水层特征表

地层类别		含/隔水层序号	厚度/m	典型特征
新生界	第四系(Q)	隔水层 G_1	5～475	稳定分布压盖黄土隔水层
		弱含水层 H_{1-1}	2～15	呈透镜状不稳定分布于黄土层中
		隔水层 G_1	5～475	稳定分布压盖黄土隔水层
		富含水层 H_{1-2}	0.2～99	受北山雪水补给,理想供水水源
	新近系(N)	隔水层 G_2	0.5～266	泥岩及砂质泥岩为主,在煤田稳定赋存
	古近系(E)	弱-中等含水层 H_2	0～214	松散胶结粗砂岩、砂砾岩及砾岩
中生界	侏罗系(J)	西山窑组(J_2x)	隔水层 G_3	7～178	1号煤煤层顶板至12煤层之间
		三工河组(J_1s)	弱含水层 H_3	0～52	13煤层顶板至15煤层之间
		八道湾组(J_1b)	隔水层 G_4	27～89	17煤层以上至三工河组底部
			弱含水层 H_4	40～110	含三个亚层
			隔水层 G_5	100～160	全区稳定强隔水层
			弱含水层 H_5	0～210	仅煤田东南局部火烧区
	三叠系(T)	赫家沟组(T_3h)	隔水层 G_6	40～245	煤系底板强隔水层

　　其中,H_1(H_{1-1}、H_{1-2})含水层属第四系浅表含水层,因埋深较浅且接受降水及南、北山雪水渗透补给具有稳定径流,是地表植被和生产生活的主要供水水源。若 H_1 含水层遭到破坏,将直接对矿区地表生态造成严重负面影响。鉴于

伊犁矿区 H_1 含水层对区域生态系统和生产生活的重要意义,区域煤炭资源开采过程中 H_1 含水层为亟待保护的目标含水层。

新疆伊犁矿区是尚未大规模开发的新矿区,据已有地质资料来看伊南、伊北煤田分别位于盆地两翼斜坡带,地貌类型和地层结构特征具有一定相似性。同时,伊犁四矿是矿区第一个正式建成投产的特大型现代化矿井,资源和地质勘查程度相对较高。为保障研究的针对性,本书以伊北煤田伊犁四矿地层结构条件为基础开展进一步研究。

从伊犁矿区整体地形结构来看伊北煤田地层总体为一个单斜构造,根据伊犁四矿具体地质钻孔信息进行综合分析,得出矿区典型水文及工程地质剖面如图 2-1 所示。根据前文分析,H_1 含水层是伊犁矿区保水开采的目标含水层,由于 H_1 含水层具体包含具有一定水力联系的 H_{1-1}、H_{1-2} 两个亚含水层,因此结合伊犁矿区典型水文及工程地质剖面(图 2-1)可以确定位于 H_{1-2} 含水层底部的新近系泥岩隔水层是本书重点关注的目标隔水层。

2.1.3　弱胶结地层岩石表观特征

弱胶结地层通常指我国西部地区广泛分布的侏罗系和白垩系地层。从地质成煤时期来看,中生代的侏罗纪和白垩纪是地球三次成煤期之一[5-7],因此侏罗系和白垩系地层亦是我国西部矿区煤系地层的重要组成部分。近年来,随着我国煤炭资源开发的重心逐渐西移,西部能源基地建设过程中越来越多地面临着弱胶结地层工程问题。

虽然当前并未形成关于弱胶结地层的明确定义,但是大量工程实践表明该类地层岩石普遍具有胶结差、黏聚力小、易风化和岩芯提取率低的特点,如图 2-2所示。从岩石的力学性质角度来看,弱胶结地层岩石的力学强度普遍较低,在遇水以后岩石强度还将大幅降低,部分岩石甚至表现出明显泥化崩解现象。图 2-3所示为伊犁矿区采集的砂岩、泥岩试样浸水前后的对比,可见砂岩试样结构较为疏松孔隙明显,浸水后在岩石孔隙中存储大量水分;泥岩试样相对结构致密,肉眼不能看出明显孔隙,浸水后岩石迅速吸收水分发生局部膨胀,形成明显的崩解裂纹。

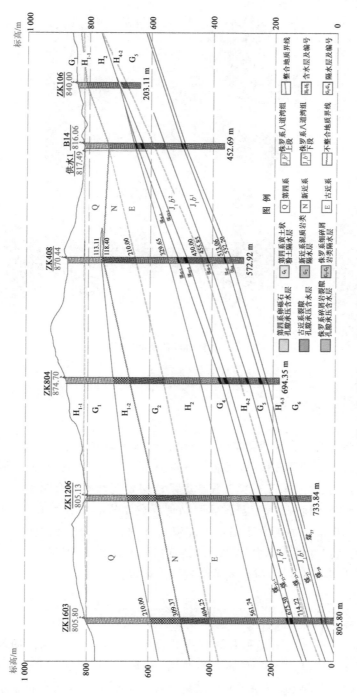

图2-1　典型水文及工程地质剖面图

图 2-2 弱胶结砂岩表观特征

（a）砂岩 （b）泥岩

图 2-3 弱胶结岩石浸水前后对比

2.2 弱胶结岩石的水软化特性

弱胶结岩石是我国西部矿区广泛赋存的侏罗系和白垩系地层岩石,因成岩时期和成岩环境的特殊性,该类岩石普遍具有胶结差、强度低、遇水泥化和易崩解等特点,与我国中东部石炭二叠系煤系地层岩石性质具有明显差别。本书以新疆伊犁矿区为研究区,为掌握弱胶结地层典型岩石的强度和变形特性,采用特殊的岩芯提取和加工方法制备标准煤岩试样,测试试样的抗拉强度、单轴抗压强度、剪切强度等力学参数,重点研究砂岩、泥岩和砂质泥岩在自然含水以及饱和含水状态下的应力-应变关系和变形破坏特征。

2.2.1 岩石主要力学参数

（1）试样采集与制备

岩石试样的合理采集和有效制备是进行岩石力学参数测试的前提。为掌握伊犁矿区弱胶结地层岩石的力学性质,根据《新疆伊犁伊宁矿区总体规划》《新疆伊北煤田霍城县界梁子井田勘探报告》《新疆伊南煤田察布查尔县脱维勒克井田勘探报告》等资料,通过对矿区地层特征的综合对比分析,结合矿区主要矿井建设情况,确定伊犁矿区伊犁新矿煤业有限责任公司(伊犁四矿)为试样采集地点,重点采集侏罗系弱胶结地层泥岩、砂质泥岩和砂岩,如图 2-4 所示。

地质年代	厚度/m	埋深/m	描述	岩性
第四系	21.80	21.80	黄土层	
古近系	15.60	37.40	砾石层	
	26.26	63.33	粗砂岩	
侏罗系	10.80	74.46	泥岩	
	21.20	95.66	粗砂岩	
	4.52	100.18	砂质泥岩	
	14.80	114.98	粗砂岩	
	10.92	125.90	泥岩	
	10.30	136.20	砂质泥岩	
	8.60	144.80	细砂岩	
	11.80	156.60	粉砂岩	
	10.50	167.10	细砂岩	
	6.85	173.95	21-1 煤层	

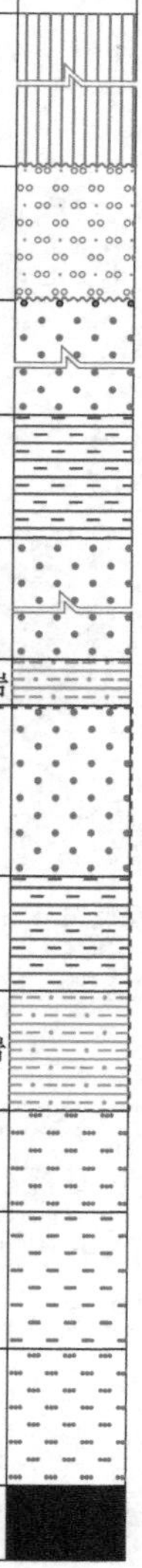

图 2-4　地层柱状图

目前,实验室内对岩石材料试件进行加工主要是在钻取的过程中加水[34,147],但弱胶结岩石在遇水后容易软化崩解,导致试样加工难以成型。为了提高试样制备成功率,同时不对试样含水率造成影响,采用切割机干切和车床干车的方法制作岩石试样。按照国际岩石力学学会(ISRM)建议的试样标准[148],将岩芯加工成直径 50.0 mm、高 100.0 mm 的天然含水率标准圆柱体试样,打磨后表面粗糙度小于 0.02 mm,端面垂直于轴的角度小于 0.001 rad,如图 2-5 所示。

（a）无泵反循环钻进取芯工艺　　　　（b）试样干法加工

图 2-5　试样采集与加工

（2）岩石基本力学参数测定

试验测试严格按照国标《煤和岩石物理力学性质测定方法》[149]的规定执行。单轴压缩力学实验在 MTS C64.106 岩石力学试验系统上进行,抗拉、抗剪强度采用 SANS 实验机完成。单轴压缩试验采用位移加载的控制方式,加载速率为 0.05～0.10 mm/min,实验过程中采用 MTS632.15C 轴向引伸计和 MTS632.12F 环向引伸计分别监测试件的轴向和径向变形,如图 2-6 所示。抗拉和抗剪强度测试均使用直径为 50.0 mm 的圆柱试件,分别采用劈裂法和变角剪切法进行测试。

为体现地层岩石力学性质测定的全面性和研究的针对性,实验过程参考已有井田勘探报告相关岩石力学测试数据[150],对测试结果的分析计算和已有数据的整理,得出研究区主要煤岩体的力学参数如表 2-4 所示。

（a）MTS C64.106岩石力学试验系统

（b）单轴压缩试验

（c）劈裂试验

（d）变角度剪切试验

图 2-6　常规岩石力学参数测定

① 主采煤层力学参数。21-1 煤层以及 23-2 煤层是伊犁矿区矿井的主采煤层,21-1 煤层天然状态下的抗压强度为 3.1 MPa,饱和状态下的抗压强度为 0.1 MPa,抗拉强度为 0.6 MPa,天然状态下的抗剪强度为 1.1 MPa,含水率为 7.77%,吸水率为 25.23%,软化系数为 0.03。23-2 煤层天然状态下的抗压强度为 1.4～4.5 MPa,饱和状态下的抗压强度为 0.2 MPa,抗拉强度为 0.12～ 0.2 MPa,天然抗剪强度为 0.13～0.3 MPa。

② 主要岩石力学参数。井田煤系地层岩性为砂岩(粗砂、中砂和细砂)、泥岩、砂质泥岩等。各类岩石的力学强度普遍较低,自然条件下的平均单轴抗压

表 2-4 主要煤岩力学参数

岩性	抗压强度/MPa			抗拉强度/MPa	抗剪强度/MPa	天然密度/(g/cm³)	含水率/%	吸水率/%	软化系数
	天然状态	饱和状态	干燥状态	天然状态	天然状态				
泥岩/粉砂岩	7.9~20.6 / 12.39	0.2~8.8 / 3.49	9.7~39.7 / 23.80	0.8~1.9 / 1.15	1.4~3.4 / 2.37	1.38~2.26 / 2.00	0.5~2.96 / 1.64	9.82~13.06 / 11.32	0.02~0.25 / 0.13
中细砂岩	9.9~19.7 / 14.13	0.8~15 / 3.69	8.6~25.3 / 19.34	0.4~2.7 / 1.04	1.6~10.2 / 3.53	1.96~2.54 / 2.20	0~1.86 / 0.72	0~15.74 / 9.94	0.04~0.76 / 0.19
煤21-1	3.10	0.10	3.70	0.60	1.10	1.22	7.77	25.23	0.03
砂质泥岩	6.5~27.6 / 15.17	0.9~10.5 / 3.47	13.4~28.6 / 17.92	0.5~2.0 / 1.03	2.2~4.1 / 3.03	1.24~2.22 / 2.03	0.98~2.82 / 1.50	8.45~26.77 / 17.61	0.05~0.62 / 0.21
碳质/砂质泥岩	5.8~23.4 / 15.48	0.4~10.4 / 2.68	12.7~28.4 / 20.44	0.6~2.0 / 1.29	1.5~3.0 / 2.43	1.42~2.26 / 2.08	0.46~9.25 / 2.41	8.3~46.99 / 17.74	0.03~0.5 / 0.14
细砂岩	14.5	1.5~5.9 / 2.88	19.0~35.6 / 28.55	0.8~1.7 / 1.25	2.0~2.1 / 2.05	2.1~2.21 / 2.16	3.09	13.1	0.05~0.17 / 0.10
煤23-2	1.4~4.5 / 2.95	0.20	4.80	0.12~0.20 / 0.16	0.13~0.30 / 0.22	1.2~1.27 / 1.24	15.81~49.61 / 32.71	32.17	0.04
中细砂岩	10.9~31.6 / 17.43	0.6~6.4 / 3.28	14.4~45.6 / 24.29	0.2~1.7 / 1.07	1.2~3.8 / 2.48	2.0~2.24 / 2.16	0.2~1.48 / 0.64	2.78~19.99 / 9.90	0.03~0.29 / 0.17
砂质泥岩	1.1~26.6 / 15.23	0.8~2.3 / 1.73	20.7~34.6 / 26.64	0.15~1.8 / 1.19	0.53~3.7 / 2.59	2.08~2.27 / 2.19	0.54~7.3 / 2.24	8.27~25.69 / 12.05	0.06~0.11 / 0.08
碳质泥岩	9.7~21.05 / 16.27	0.4~3.8 / 1.81	12.8~22.2 / 16.46	0.3~1.8 / 0.87	0.7~5.4 / 2.18	1.9~2.33 / 2.20	0.88~4.89 / 2.46	9.46~19.92 / 12.89	0.03~0.21 / 0.11
碳质/粉砂质泥岩	11.8~22.7 / 17.03	0.8~4.8 / 2.63	18.3~37.2 / 23.97	0.44~1.8 / 1.1	0.52~4.5 / 2.38	2.0~2.37 / 2.21	0.82~12.33 / 3.23	9.08~23.14 / 13.88	0.04~0.19 / 0.11

注：部分力学参数引用自《新疆伊北煤田霍城县界子井田勘探报告》，表格数据为：最小~最大/平均值。

强度在 10.93～19.78 MPa 范围内,平均抗拉强度在 0.87～1.29 MPa 范围内,平均抗剪强度在 2.18～3.53 MPa 范围内。当岩石遇水后,力学强度大幅衰减,饱和含水状态的抗压强度一般在 0.8～4.5 MPa 之间,平均为 1.73～4.13 MPa,抗拉强度 0.2～3.43 MPa。由表 2-4 可以看出,各类岩石的强度随埋藏深度增加有增大的趋势,但均属低强度岩石。

泥岩、碳质泥岩以及泥质粉砂岩:不仅是 21-1 煤层底板、23-2 煤层顶板的主要岩性,也是其他可采煤层的顶底板的主要岩层类型,其工程力学性质较为接近。天然状态下的抗压强度为 6.5～42.8 MPa,一般为 10.0～20.0 MPa,平均值在 14.4～19.5 MPa 之间;饱和状态下的抗压强度在 0.2～10.5 MPa 之间,一般为 0.9～4.9 MPa,平均在 1.81～3.06 MPa 之间;抗拉强度在 0.3～2.0 MPa 范围内,一般为 0.8～1.5 MPa,平均为 0.77～1.8 MPa;天然抗剪强度 1.1～3.5 MPa,一般为 1.3～2.8 MPa,平均为 1.54～2.88 MPa;含水率 0.5%～2.26%,吸水率 9.82%～13.06%;软化系数为 0.02～0.25,属软质岩类。

中细砂岩:不仅是煤 23-2 顶底板的岩石的主要岩性,也是 21-1 煤层顶板的主要岩性之一。其天然状态下的抗压强度为 8.1～19.7 MPa,平均值在 10.93～17.43 MPa 之间;饱和状态下的抗压强度 0.8～15 MPa 不等,平均值在 3.6～9.25 MPa 范围内;抗拉强度在 0.4～2.7 MPa 之间,平均值在 0.95～1.3 MPa 范围内;天然抗剪强度在 1.6～10.4 MPa 之间,平均值在 1.5～3.35 MPa 范围内,软化系数为 0.04～0.76,属软质岩类。

粗砂岩、砂砾岩:为 23-2 煤层老底的主要岩性之一,岩石钙泥质胶结程度和强度不一。23-2 煤层老底抗压强度为 2.95～7.9 MPa,抗拉强度为 0.18～0.35 MPa;天然抗剪强度为 0.31～1.16 MPa。古近系松散砂砾岩在井田东北局部分布,无强度,含孔隙承压水,易产生坍塌、流砂和管涌。

2.2.2　岩石强度及变形特性

根据《新疆伊北煤田霍城县界梁子井田勘探报告》,区域煤系地层基岩段岩石类型主要为砂岩、泥岩和砂质泥岩,其中砂岩累计厚度约占煤系地层总厚度的 40% 以上。从岩芯提取情况来看,不同层位砂岩的粒径具有较明显差异,为此试样测试分析过程中按砂粒直径将砂岩分为粗砂岩、中砂岩和细砂岩,并对比不同埋深粗砂岩的变形破坏特征。典型岩石试样编号及测试参数如表 2-5 所示,利用 MTS Criterion64.106 液压岩石力学试验系统对岩石加载过程中的轴向载荷与轴向变形数据进行监测,按照式(2-1)将各阶段轴向载荷转化为应力值,峰值载荷对应的应力值为岩石破坏载荷。根据测试结果,将各类岩石在单向压缩过程中的应力与应变值绘入坐标系,得到其应力-应变关系曲线图。

$$\sigma_c = \frac{F}{S} \qquad (2-1)$$

式中　F——试件各阶段载荷,N;

　　　S——试件受力面面积,m²。

表 2-5　典型岩石试样编号及测试参数

岩性	试样编号	含水状态	埋深/m	直径/mm	长度/mm	质量/g	峰值应力/MPa	峰值应变/%
细砂岩	S-N-1	自然含水	100～170	50.00	99.71	393.80	12.36	1.01
	S-S-1	饱和含水	100～170	50.11	101.08	434.40	4.46	0.96
中砂岩	S-N-2	自然含水	100～170	50.03	99.17	386.90	10.90	0.87
	S-S-2	饱和含水	100～170	48.88	99.87	396.90	2.62	0.77
粗砂岩	S-N-3	自然含水	100～170	50.06	98.24	374.30	8.16	1.17
	S-S-3	饱和含水	100～170	49.19	100.68	403.10	1.58	0.64
	S-N-4	自然含水	260～300	49.92	99.40	390.40	8.89	0.78
	S-S-4	饱和含水	260～300	50.14	99.13	410.70	2.67	0.41
泥岩	M-N-1	自然含水	100～170	50.33	101.27	428.50	18.16	1.25
	M-S-1	饱和含水	100～170	50.41	102.16	478.30	2.75	0.71
砂质泥岩	SM-N-1	自然含水	100～170	49.05	99.99	395.80	15.99	1.15
	SM-S-1	饱和含水	100～170	49.47	101.68	435.50	1.30	0.94

（1）砂岩强度与变形破坏特征

将砂岩在自然含水状态和饱和水状态条件下的力学测试结果分别绘制应力-应变关系曲线,如图 2-7～图 2-8 所示。由图 2-7 可以看出研究区砂岩强度总体较低,自然含水状态下单轴抗压强度的最大值为 12.36 MPa、最小值为 8.16 MPa。不同粒径的砂岩试样强度差异十分明显,单轴抗压强度随砂岩粒径的增大而减小,相似粒径砂岩的强度随埋深增大而增大。图 2-8 是饱和含水状态砂岩的应力-应变关系曲线,对比图 2-7 可见水对弱胶结砂岩强度具有十分明显的弱化作用,水饱和以后四类砂岩试样的单轴抗压强度均有不同程度的大幅降低,单轴抗压强度的最大值和最小值分别为 4.47 MPa 和 1.58 MPa。同时,由图 2-8 可以看出,粒径对水饱和以后砂岩的强度影响仍然明显,水饱和岩样的单轴抗压强度也随粒径的增大而降低,粒径尺度相似砂岩的强度随埋深增大而增加。

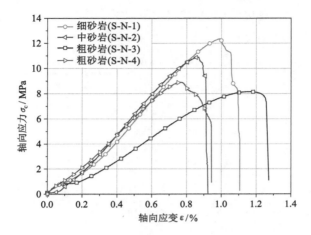

图 2-7　自然含水砂岩应力-应变关系

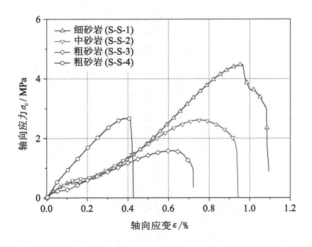

图 2-8　饱和含水砂岩应力-应变关系

　　为对比含水状态对砂岩强度和变形性质的影响,将四类砂岩在自然含水和饱和含水状态的应力-应变曲线进行分别对比,如图 2-9 所示。根据测试结果,自然含水状态下细砂岩、中砂岩、粗砂岩以及深部粗砂岩的峰值应力值分别为 12.36 MPa、10.90 MPa、8.16 MPa 和 8.89 MPa,饱和含水状态下的峰值应力值分别为 4.46 MPa、2.62 MPa、1.58 MPa 和 2.67 MPa,见表 2-5。当砂岩试样由自然含水达到水饱和状态以后,细砂岩、中砂岩、粗砂岩和深部粗砂岩的强度降低幅度分别为 63.84%、75.96%、80.39% 和 70.07%。总体来看,埋深相似的砂岩遇水强度弱化程度主要随岩石粒径的增大而增大,粒径相似砂岩遇水后的强度则随埋深增大而降低。

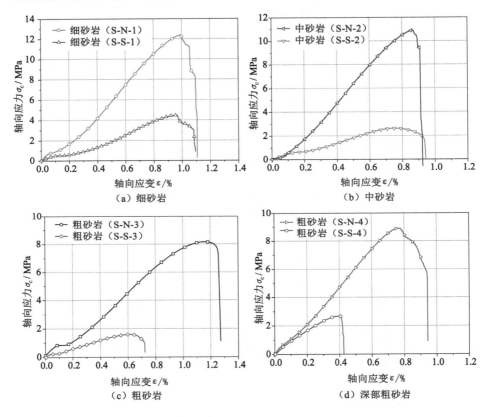

图 2-9　含水状态对砂岩变形影响

从岩石变形特性来看,砂岩试样在轴向载荷作用下,均经历了孔隙裂隙压密阶段、弹性变形阶段、塑性变形阶段。测试结果表明,自然含水状态下细砂岩、中砂岩、粗砂岩和深部粗砂岩的峰值应变分别为 1.01%、0.87%、1.17% 和 0.78%,饱和含水状态下的峰值应变分别为 0.96%、0.77%、0.64% 和 0.41%,见表 2-5。当砂岩试样由自然含水达到水饱和状态以后,细砂岩、中砂岩、粗砂岩和深部粗砂岩的峰值应变降低幅度分别为 4.95%、11.49%、45.30% 和 47.44%。结合应力-应变关系曲线,可见砂岩试样吸收水分后在压密和塑性变形阶段的变形量有所增加,弹性阶段变形量、载荷增加速度则相对减小,如图 2-9(a)～(d)所示。为此,可以判断砂岩吸水以后岩石具有脆性减弱、延性增强的趋势。总体来看,虽然砂岩试样吸水以后延性增强,但由于岩石峰值强度大幅降低,峰值应变仍呈减小的趋势。

　　由于砂岩遇水后的受力变形较遇水前有明显变化,故将不同粒径砂岩试样在自然含水和饱和水状态下的压缩破坏形态进行归类整理,如图 2-10 所示。总体来看,弱胶结砂岩试样在轴向均匀载荷作用下均出现单斜面剪切破坏的形式。对比砂岩在自然含水和饱和水状态下的剪切破坏特征,可见同类岩石试样的破断角基本相同,因此根据摩尔库伦准则可以初步判断水对弱胶结砂岩内摩擦角的影响不明显,砂岩试样吸收水分后强度降低主要体现在水对岩石内聚力的弱化。

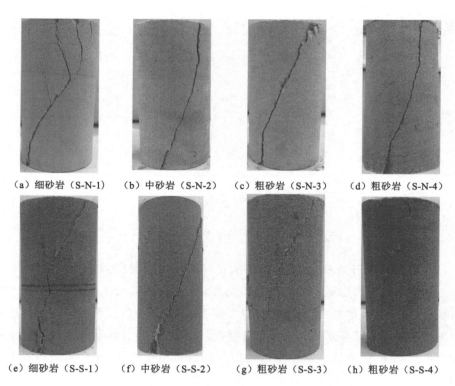

（a）细砂岩（S-N-1）　　（b）中砂岩（S-N-2）　　（c）粗砂岩（S-N-3）　　（d）粗砂岩（S-N-4）

（e）细砂岩（S-S-1）　　（f）中砂岩（S-S-2）　　（g）粗砂岩（S-S-3）　　（h）粗砂岩（S-S-4）

图 2-10　弱胶结砂岩典型破坏特征

　（2）泥岩强度与变形破坏特征

泥岩是一类特殊的沉积岩,因细观结构的差异,其力学性质与其他类型沉积岩存在较大区别。同时,由于泥岩通常富含亲水性黏土矿物,遇水前后其强度和变形规律亦将发生明显变化。为掌握伊犁弱胶结地层泥岩的基本力学性质,对前期采集制作的自然含水状态泥岩标准试样进行超微粒子水饱和处理,分别开展自然含水状态与饱和水状态泥岩单轴压缩试验。

将两种含水状态泥岩单轴压缩试验的应力-应变数据绘入同一坐标系,如图 2-11 所示。对比测试结果,自然含水状态和饱和水状态泥岩的单轴抗压强度分别为 18.03 MPa 和 2.74 MPa,峰值应变分别为 1.25％和 0.69％,峰值强度和峰值应变的降低幅度分别为 84.8％和 55.2％。根据泥岩峰后段应力-应变关系曲线,饱和含水试样的强度衰减速率较自然含水试样明显变缓,可见随着含水率增加弱胶结地层泥岩受力变形时具有脆性减弱延性增强的趋势。

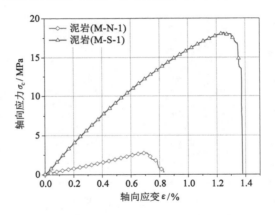

图 2-11　含水状态对泥岩变形的影响

从岩石破坏形式来看,不同于砂岩试样发生的单斜面剪切破坏,自然含水和饱和含水状态泥岩试样在轴向压应力作用下,均在横向产生拉应力,致使岩石呈现最终拉伸(劈裂)破坏为主的宏观破坏形式,如图 2-12 所示。含水状态对弱胶结地层泥岩破坏形式的影响体现在:当试样由自然含水状态吸收水分至饱和含水状态时,泥岩试样除发生沿轴向方向的拉伸破坏外,还会因水体浸润作用,在轴向载荷作用下产生沿岩石层理方向的剪切破坏。

(3)砂质泥岩强度与变形破坏特征

根据研究区地层结构特征,砂质泥岩所处层位一般位于砂岩与泥岩之间,因此其沉积环境和成岩过程与前述两类岩石基本相似。从单轴压缩试验监测

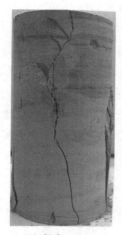

（a）泥岩（M-N-1）　　　　　（b）泥岩（M-S-1）

图 2-12　泥岩典型破坏特征

的应力-应变关系曲线（图 2-13）来看，自然含水与饱和含水砂质泥岩试样的峰
值应力分别为 15.95 MPa 和 1.31 MPa，峰值应变分别为 1.18% 和 0.96%，峰
值强度以及峰值应变总体介于砂岩和泥岩之间。对比两种状态下砂质泥岩的
峰值强度和峰值应变，水饱和以后的降低幅度分别为 91.8%、18.6%。由此可
见，水对砂质泥岩强度的弱化程度显著高于其峰值应变，在轴向载荷作用下水
饱和状态砂质泥岩脆性大幅降低，主要发生塑性变形和破坏。

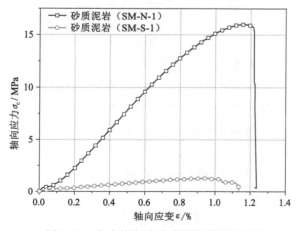

图 2-13　含水状态对砂质泥岩变形的影响

自然含水与饱和含水砂质泥岩试样单轴压缩破坏特征如图 2-14 所示。结合前文弱胶结地层砂岩、泥岩破坏特征来看,砂质泥岩的破坏形态兼具砂岩和泥岩的破坏特征。轴向载荷作用下,自然含水砂质泥岩试样的断裂面形态以单斜面剪切破坏为主、拉伸(劈裂)破坏为辅,接近于砂岩破坏特征;饱和含水砂质泥岩试样的断裂面形态则以拉伸(劈裂)破坏为主、沿斜面和层里面剪切破坏为辅,更接近于泥岩的破坏特征。由此说明,研究区自然含水状态的砂质泥岩吸收水分后强度大幅降低,塑性进一步增强,岩石的强度和变形特征逐渐表现出由砂岩向泥岩过渡的趋势。

（a）砂质泥岩（SM-N-1）　　　　　　（b）砂质泥岩（SM-S-1）

图 2-14　砂质泥岩典型破坏特征

综上,弱胶结地层砂岩、泥岩和砂质泥岩的单轴压缩强度明显低于常规煤系地层同类岩石,尤其在水体作用下其强度将大幅降低,表现出十分明显的塑性变形特征。由于应力-应变关系曲线中弹性阶段的曲线斜率反映了试样的弹性模量,由各试样的应力-应变关系图可以认为弱胶结地层岩石遇水后塑性变形特性显著增强,主要体现在水对岩石弹性模量的弱化作用。

2.3　弱胶结岩石组分及细观结构特征

岩石作为一种天然非均质材料,其宏观力学性质主要取决于组成岩石的矿物成分和细观结构特征。已有大量研究成果表明,不同区域或地层的同类岩石材料力学属性具有显著差异的本质因素是成岩时期、成岩环境差异和外部扰动下,同类岩石在矿物成分和细观结构的不同[151-152]。因此,为掌握伊犁矿区弱胶结地层典型岩石的矿物组分和细观结构特征,将采用 X 射线衍射仪和扫描电子显微镜开展研究。

2.3.1　弱胶结岩石矿物组分分析

X 射线衍射(XRD)分为常规以基于矿物衍射图谱中晶体不同衍射峰值特点的物相鉴定和配入参比物测试来综合分析衍射信息的矿物组分定量分析两种类型。为定量分析泥岩、砂岩和砂质泥岩的成岩矿物组分,分别采用水悬浮液分离方法测定原岩中黏土矿物总相对含量、选用刚玉作为参考物质的“K 值法”测定各非黏土矿物含量[153]。

试验过程中首先将试样粉碎、研磨成粉末,粒径小于 2 μm 的黏土矿物样品用于测定各种黏土矿物种类的相对含量。黏土矿物在原岩中的总相对含量测算相对简单,采用称量法测得粒径小于 10 μm 的黏土矿物总量然后进行计算。

各种黏土矿物相对含量的测算相对较复杂,按照测试标准《沉积岩中黏土矿物和常见非黏土矿物 X 射线衍射分析方法》(SY/T 5163—2010)[153]将前期所提取粒径小于 2 μm 的黏土矿物样品分为三个独立条件进行处理制作测量试片,分别为:不经过任何处理的原始样品、用乙二醇处理后的样品和高温加热处理后的样品。测试样品制作过程中,采用乙二醇作为膨胀矿物的辅助处理剂,高温热处理是为了实现氢氧化物板的脱羟基作用。测量试片制备完成后,将自然定向片(N 片)、乙二醇饱和片(EG 片)和高温片(T 片)分别进行 X 射线衍射测定。测定完成后,根据实验所得衍射图谱,采用衍射峰面积差减法计算各种黏土矿物种类的相对含量。

采用 X 射线衍射仪(D8 ADVANCE)测试各岩石样品的衍射图谱如图 2-15 所示,分析计算各矿物组分见表 2-6。三类岩石的主要成岩矿物均为石英和黏土矿物,砂岩和砂质泥岩含少量钾长石。虽然成岩矿物类型基本相同,但组成比例差异明显,泥岩、砂岩和砂质泥岩的黏土矿物含量分别为 71%、25% 和 36%。对比黏土矿物的组成,可以发现高岭石是三类岩石中黏土矿物的重要组成部分,泥岩、砂岩和砂质泥岩中的含量分别为 30.53%、17.25%、24.84%,而伊/蒙混层含量约占泥岩的 35.79%,显著高于砂岩(4.50%)和砂质泥岩(6.84%)的比例。

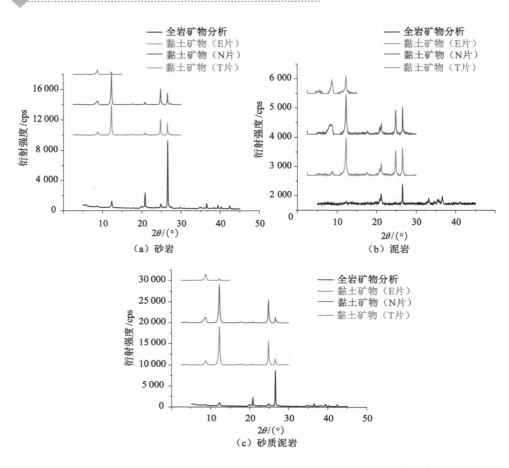

图 2-15　XRD 衍射图谱

表 2-6　岩石矿物组分测试结果

岩　性	全岩矿物组分/%			黏土矿物组分/%		
	石英	钾长石	黏土矿物	伊利石(It)	高岭石(K)	伊/蒙混层(I/S)
砂岩	70.0	5.0	25.0	3.25	17.25	4.50
泥岩	29.0	0.0	71.0	5.68	30.53	35.79
砂质泥岩	60.0	4.0	36.0	4.32	24.84	6.84

2.3.2　弱胶结岩石细观结构特征

扫描电子显微镜(SEM)作为检测固体物质的重要手段在地学领域得到了

广泛应用,是一种观察岩石、矿物的细观形态和结构特征的成熟技术手段。为分析伊犁矿区弱胶结地层典型岩石的细观结构特征,采用 FEI Quanta™ 250 环境扫描电子显微镜观察弱胶结地层中典型的砂岩、砂质泥岩和泥岩的胶结特点、成岩矿物颗粒形态及粒径、颗粒接触方式、原生孔隙特征等。

测试前用小锤等工具从三类岩石试件上分别取出体积 2 cm³ 左右的小块体,选择自然断面相对平整的试样。试样制作首先用吸气球吹去表面附着物,放入 50 ℃ 恒温箱中烘干;然后对试样进行喷金镀膜(导电处理),最后放入电子扫描显微镜下观测,如图 2-16 所示。对于试件破坏严重的松散岩样(粗砂岩),用锡纸或其他可用作包裹的材料将试样先固定,再进行导电处理。

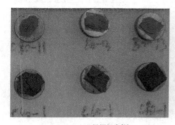

　（a）观测试样　　　　　　（b）喷金镀膜　　　　（c）扫描电子显微镜主机

图 2-16　环境扫描电子显微镜系统

将镀膜完毕的砂岩、泥岩和砂质泥岩样品放入扫描电子显微镜(SEM Quanta 250)载物台,分别在 1 000、2 000、4 000 和 8 000 放大倍率视野下进行观测。由于岩石细观颗粒直径的差异,对比各放大倍率下试样特征,综合筛选出 2 000、8 000 放大倍率拍摄结果作为典型进行分析,如图 2-17 所示。2 000 放大倍率下可见:砂岩内部结构疏松,颗粒呈无序排列,颗粒间孔隙明显[图 2-17(a)];泥岩内部结构致密,无明显孔隙和空洞[图 2-17(c)];砂质泥岩内部结构较紧密,具有一定的颗粒特征,但颗粒间充填密实,可看作泥岩和砂岩的组合[图 2-17(e)]。

当观测放大倍率由 2 000 倍增大至 8 000 倍时,可以进一步看到:砂岩主要由粒径超过 20 μm 的粉晶颗粒组成,颗粒间仅少量絮状伊蒙混层填充,具有较大孔隙和空洞,颗粒胶结状态整体较差[图 2-17(b)];泥岩的微观结构由粒径小于 10 μm 的泥晶颗粒均匀排列而成,颗粒间由絮状伊蒙混层和片状高岭石充填,与砂岩相比泥岩细观颗粒接触紧密胶结良好[图 2-17(d)];砂质泥岩基本由泥晶和粉晶颗粒组合而成,颗粒间有一定量的片状高岭石和絮状伊蒙混层等填隙物,缝隙和空洞较小[图 2-17(f)]。

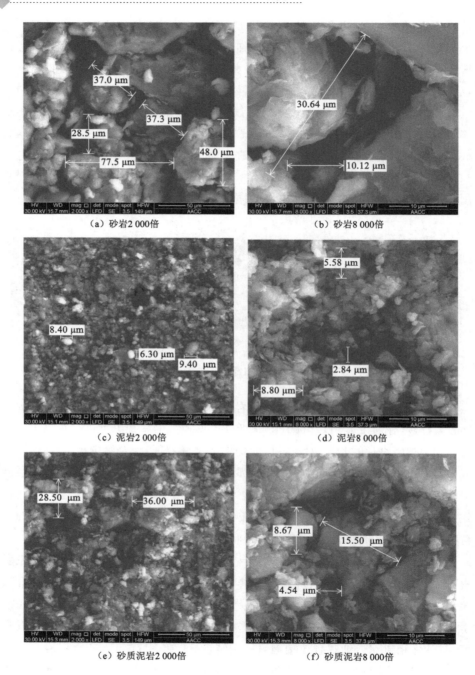

（a）砂岩2 000倍　　　　　　　　　　（b）砂岩8 000倍

（c）泥岩2 000倍　　　　　　　　　　（d）泥岩8 000倍

（e）砂质泥岩2 000倍　　　　　　　　（f）砂质泥岩8 000倍

图 2-17　典型岩石细观结构特征

2.4　弱胶结岩石对应力环境和饱水状态的力学响应

　　由于煤系地层由沉积作用形成,地层具有明显的层序结构特征,未受到人类工程扰动之前煤系地层处于原始应力状态,其受力主要为上覆地层的垂直应力和区域水平应力。煤层开采过程打破了煤系地层的初始应力平衡状态,因煤层开挖导致采矿空间承载体结构变化,进而引起了煤层上覆岩层破断移动和地层应力的重新分布。为保障采煤工作空间的安全和实现综合机械化开采,众多学者对采场矿山压力分布和显现规律开展了深入研究,普遍认为煤层开采过程中会在开采空间周围煤岩体中形成应力升高区、应力降低区和应力恢复区[154],并随采场移动而具有动态演化特点,如图 2-18 所示。从图 2-18 可以看出煤层开采扰动除引起煤层附近应力场的变化以外,还因采动覆岩的变形和破坏,煤层附近岩体的裂隙场和渗流场也将发生变化[30],导致受开采扰动影响的多个岩层所处应力环境和饱水状态发生变化。

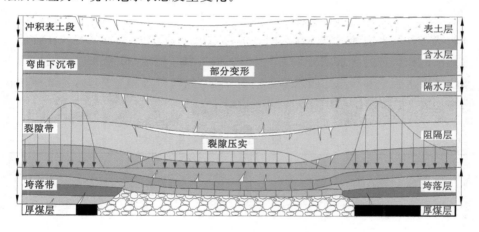

图 2-18　采动地层应力环境

　　为掌握弱胶结岩层的力学属性,许多学者对各类弱胶结岩石开展了大量实验测试和理论研究,取得了很多可喜的成果,对伊犁矿区弱胶结岩层力学属性的掌握提供了借鉴和对比。但是,现有的研究成果主要集中于单一岩性、单变化围压和含水率条件,尚缺乏对弱胶结地层岩石的系统研究。尤其是在煤层开采过程中,受开采扰动地层岩石的围压和含水率均发生变化时,弱胶结岩层的破坏特征、不同岩性对围压和含水率变化的敏感程度等力学响应机制需要进一步研究。本节主要通过测定不同含水率试样在典型围压条件下的应力-应变关系,结合矿物组分和细观结构特征分析,研究弱胶结地层泥岩、砂岩和砂质泥岩对应力环境和饱水状态的差异化力学响应机制。

2.4.1　不同含水率岩石三轴压缩试验

（1）不同含水率试样制备

在已制备标准天然含水率岩石试样（本书 2.2 节）基础上,分别将三类岩石试件放入恒温干燥箱和恒温恒湿箱内至试样质量不再变化,以获得完全干燥与水饱和岩石试样。对比完全干燥状态和水饱和状态岩石试样与初始的重量变化,采用增重法计算试样含水率:

$$\omega_w = \frac{m_w - m_d}{m_d} \times 100\% \qquad (2\text{-}2)$$

式中　　ω_w——试样含水率,%;

　　　　m_w——饱水岩石试样质量,g;

　　　　m_d——干燥岩石试样质量,g。

泥岩在自然状态以及水饱和状态的含水率分别为 4.27%、10.66%;砂岩在自然状态以及水饱和状态的含水率分别为 7.52%、11.39%;砂质泥岩在自然状态和水饱和状态的含水率分别为 6.57%、9.33%。泥岩、砂岩和砂质泥岩由自然状态吸水到饱和状态的吸水率分别为 6.39%、3.87% 和 2.76%,各试样的含水率如表 2-7 所示。

表 2-7　弱胶结岩石三轴压缩实验方案

岩性	试样编号	直径/mm	高度/mm	含水率/%	测试围压/MPa
	NY-N-1	49.7	99.1	4.27	1.0
	NY-N-3	49.5	99.8	4.27	3.0
泥岩	NY-N-5	49.9	98.9	4.27	5.0
	NY-D-3	49.3	100.1	0.00	3.0
	NY-S-3	50.1	100.3	10.66	3.0
	SY-N-1	50.0	100.0	7.52	1.0
	SY-N-3	49.6	100.0	7.52	3.0
砂岩	SY-N-5	48.7	98.9	7.52	5.0
	SY-D-3	50.0	101.2	0.00	3.0
	SY-S-3	50.1	101.5	11.39	3.0

表 2-7(续)

岩性	试样编号	直径/mm	高度/mm	含水率/%	测试围压/MPa
砂质泥岩	NS-N-1	49.4	100.3	6.57	1.0
	NS-N-3	49.9	100.5	6.57	3.0
	NS-N-5	49.7	99.5	6.57	5.0
	NS-D-3	49.5	99.8	0.00	3.0
	NS-S-3	49.8	98.9	9.33	3.0

(2) 三轴压缩试验方案

煤层开采扰动将引起煤岩体所处的应力场、裂隙场和渗流场发生变化[30]。由于近煤层覆岩受开采扰动的影响明显,其应力环境和含水状态的改变将导致岩石力学行为的变化。为掌握弱胶结岩石对应力环境和含水状态的力学响应规律,采用三轴压缩实验分别测试三类岩石在不同围压和含水率条件下的全应力-应变关系。

根据平均取样深度 120 m,估算原岩应力值约为 3.0 MPa。由于开采活动的影响,近煤层覆岩所处的应力环境将发生变化。具体表现为:开采空间周围一定范围的岩体受采动支承压力作用分别处于应力增高状态、原始应力状态和应力降低状态。为了有针对性分析弱胶结岩石对应力环境的响应特征,对三类岩石自然含水状态的试件进行变围压三轴压缩试验。试验过程中设定 1.0 MPa、3.0 MPa 和 5.0 MPa 的测试围压,分别代表应力降低状态、原始应力状态和应力增高状态岩石的应力环境。

同时,开采扰动引起的采场覆岩裂隙场、渗流场的变化会导致岩体的含水状态发生变化。考虑井下实际开采情况复杂多变,本研究以三类岩石分别为干燥状态、自然含水状态和饱和含水状态来表征岩体的含水率的极限可能状态。为便于对比分析,开展弱胶结岩石对含水状态力学响应的三轴压缩试验时,将不同含水率试样的测试围压均设置为 3.0 MPa(原始应力)。

试验在 MTS815.03 电液伺服岩石力学实验系统上开展,如图 2-19 所示。试验采用位移控制的加载方式,加载速率为 0.002 mm·s^{-1}。试验过程中,系统直接记录轴向载荷和轴向应变,采用线性变差传感器(LVDT)监测试件的轴向应变。测试过程中首先将围压加载至预定值($\sigma_2 = \sigma_3 = 1.0$ MPa、3.0 MPa、5.0 MPa),然后采用位移加载的方式施加轴力,加载至残余强度阶段。具体测试围压如表 2-7,试样编号中 NY、SY、SN 分别表示泥岩、砂岩和砂质泥岩;N、

D、S 分别表示自然含水、干燥和饱和含水；1、3、5 分别表示测试围压 1.0 MPa、3.0 MPa 和 5.0 MPa。

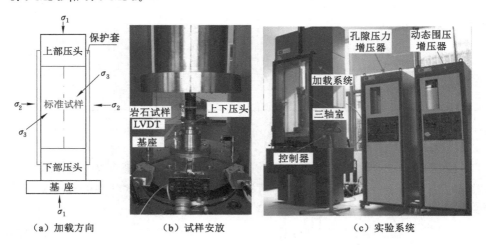

（a）加载方向　　　　　（b）试样安放　　　　　　（c）实验系统

图 2-19　MTS815.03 电液伺服岩石力学实验系统

（3）弱胶结岩石破坏特征

按照实验方案，分别对三种岩石的不同含水状态试样施加 1.0 MPa、3.0 MPa 和 5.0 MPa 围压进行三轴压缩试验，各类试样的破坏形态如图 2-20 所示。对比各个试样的破坏形态，总体来看各类试样在三轴压缩过程基本形成一条主要的渐进变形破坏带，呈现剪切破坏模式。其中，砂岩试样在 1.0 MPa 的低围压条件下的破坏形式呈 X 状共轭斜面剪切破坏，随着围压的增加，亦形成单斜面剪切破坏。

2.4.2　弱胶结岩石应力-应变关系

通过三轴压缩力学试验，获得了三类岩石在不同围压以及不同含水率条件下的应力-应变关系曲线，如图 2-21、图 2-22 所示，岩石峰值强度、峰值应变、残余强度力以及弹性模量如表 2-8 所示。泥岩、砂岩和砂质泥岩在 3.0 MPa 围压的近似原始地应力条件下峰值应力分别为 20.23 MPa、13.42 MPa、20.47 MPa，当围压为 5.0 MPa 时，其峰值应力分别为 28.26 MPa、17.88 MPa、26.70 MPa。可以看出弱胶结地层三类岩石的峰值强度都较低，在相同应力环境条件下，泥岩和砂质泥岩的峰值强度较为接近，砂岩最小。

天然含水状态岩石试样在 1.0 MPa、3.0 MPa、5.0 MPa 围压条件下的应力-应变关系如图 2-21 所示。围压对弱胶结岩石试样的强度以及变形均有显著的影响。随着围压数值的增加，三类岩石的峰值强度、残余强度、峰值应变以及弹性模量均明显增大。在接近峰值应力点时，三类岩石出现不同程度的屈服和塑性变形，达到峰值强度时，应力缓慢降低，出现应变软化现象。当测试围压升高时，岩石的脆性降低、延性增加，试样的峰值应变逐渐增大，岩石的破坏形式逐渐由脆性破坏向延性破坏转变。

（a）泥岩

（b）砂岩

（c）砂质泥岩

图 2-20　弱胶结岩石典型破坏特征

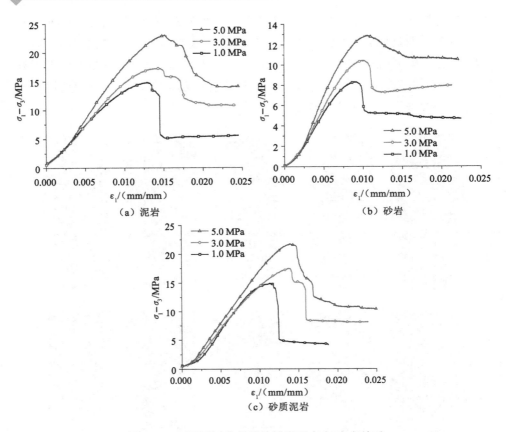

（a）泥岩　　　　　　　　　　　（b）砂岩

（c）砂质泥岩

图 2-21　不同围压条件弱胶结岩石应力-应变关系

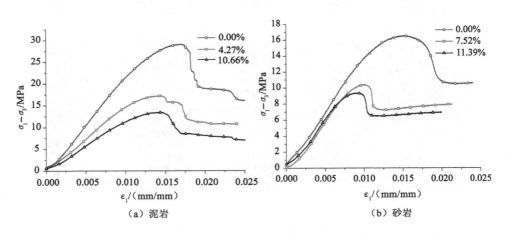

（a）泥岩　　　　　　　　　　　（b）砂岩

图 2-22　不同含水率条件弱胶结岩石应力-应变关系

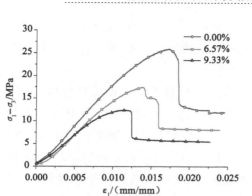

（c）砂质泥岩

图 2-22　（续）

表 2-8　岩石力学参数测试结果

岩性	编号	峰值强度 /MPa	残余强度 /MPa	峰值应变 /%	弹性模量 /GPa	应力敏感系数 /k_{CS},k_{CR},$k_{C(SR)}$	水敏感系数 /k_{WS},k_{WR},$k_{W(SR)}$
泥岩	NY-N-1	15.84	6.59	1.29	1.44	3.10,3.62, −0.51	$-5.03e^{-0.31x}$ $-1.72e^{-0.27x}$ $-3.37e^{-0.34x}$ $(0 \leqslant x \leqslant 10.66)$
	NY-N-3	20.23	11.68	1.44	1.67		
	NY-N-5	28.26	21.04	1.53	2.03		
	NY-D-3	32.11	16.01	1.71	2.01		
	NY-S-3	16.48	10.02	1.41	1.28		
砂岩	SY-N-1	9.33	5.77	0.91	1.32	2.14,2.54, −0.40	−0.74,−0.35, −0.38
	SY-N-3	13.42	10.91	1.01	1.42		
	SY-N-5	17.88	15.64	1.12	1.81		
	SY-D-3	19.58	13.80	1.53	1.52		
	SY-S-3	11.36	9.94	0.94	1.45		
砂质泥岩	NS-N-1	15.91	5.14	1.13	1.68	2.35,3.04, −0.69	−1.42,−0.65, −0.77
	NS-N-3	20.47	11.28	1.38	1.72		
	NS-N-5	26.70	17.84	1.39	1.94		
	NS-D-3	28.92	14.83	1.72	1.87		
	NS-S-3	15.41	8.55	1.16	1.48		

　　为分析原始地应力条件下含水率对弱胶结岩石力学行为的影响，将 3.0 MPa 围压条件下，干燥、自然含水、饱和含水状态下的试样采集数据绘制成应

力-应变曲线如图 2-22 所示。可以看出,含水状态对弱胶结岩石的强度和变形特征也具有显著影响,岩石的峰值强度、残余强度、峰值应变和弹性模量均随着含水率增大呈降低趋势。

干燥状态下,泥岩、砂岩、砂质泥岩的峰值强度分别为 32.11 MPa、19.58 MPa、28.92 MPa,由干燥状态到饱和水状态峰值强度的降幅分别达到 94.84%、72.36%、87.67%。三类岩石均在接近峰值强度时表现出程度不同的屈服和延性特征,但是含水率变化对不同岩石脆延特性的影响规律并不一致。随着含水率的增加,泥岩的屈服和延性特征增强,但是砂岩和砂质泥岩的屈服和延性则显著减弱,其中砂质泥岩表现的脆性特征尤为明显。

2.4.3　弱胶结岩石应力及水敏感性

（1）弱胶结岩石应力敏感性分析

为便于对比分析,将各围压条件下弱胶结岩石的峰值强度、残余强度和峰残强度差绘入坐标系,如图 2-23 所示。从图 2-23 可看出,随着围压升高,弱胶结岩石的峰值强度以及残余强度均表现出增大的趋势,峰残强度差则呈减小的趋势。三类弱胶结岩石的峰值强度、残余强度和峰残强度差随围压变化的线性相关性较为明显。拟合直线的斜率反映了围压对岩石强度的影响程度,为此本书将该斜率定义为弱胶结岩石强度的围压敏感系数 k_c。

$$k_{CS} = \frac{\sigma_{S2} - \sigma_{S1}}{\sigma_{C2} - \sigma_{C1}} \tag{2-3}$$

$$k_{CR} = \frac{\sigma_{R2} - \sigma_{R1}}{\sigma_{C2} - \sigma_{C1}} \tag{2-4}$$

$$k_{C(SR)} = \frac{(\sigma_{S2} - \sigma_{R2}) - (\sigma_{S1} - \sigma_{R1})}{\sigma_{C2} - \sigma_{C1}} = k_{CS} - k_{CR} \tag{2-5}$$

式中:k_{CS}、k_{CR}、$k_{C(SR)}$ 为岩石峰值强度、残余强度和峰残强度差对围压敏感系数;σ_S、σ_R、σ_C 为岩石峰值强度、残余强度和围压,MPa。

由图 2-23 拟合结果,对比三类岩石峰值强度对围压的敏感系数,峰值强度以及残余强度对围压敏感性顺序依次为:泥岩＞砂质泥岩＞砂岩。$k_{CS} < k_{CR}$ 表明弱胶结岩石峰值强度对围压的敏感性低于残余强度对围压的敏感性。峰残强度差对围压的敏感系数为负（$k_{C(SR)} < 0$）,表明随围压增大峰残强度差呈减小趋势,三类岩石峰残强度差对围压的敏感性顺序为:砂质泥岩＞泥岩＞砂岩。

根据图 2-21 岩石应力-应变关系随围压的变化趋势,由于残余强度对围压的敏感度高于峰值强度,结合图 2-23(c)峰残强度差随着围压的升高有线性降

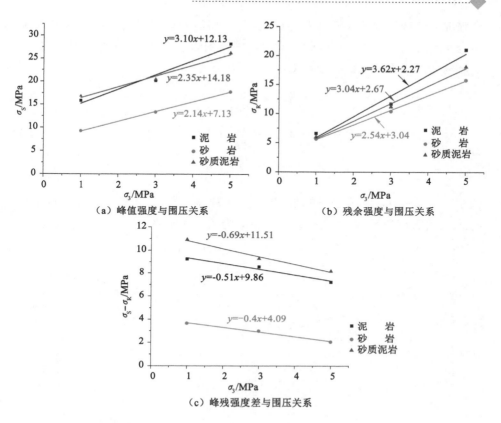

图 2-23　围压与岩石峰值、残余强度、峰残强度差关系

低的趋势。若围压持续增大,理论上图 2-23(c)中的三条直线均会与 X 轴相交,岩石在交点处的峰值强度以及残余强度几乎相等。这个交点实质上可认为是岩石的脆-延转化点,对应的围压即为转化围压[155]。低于此围压值的应力-应变关系表现为应变软化现象,高于这个围压值时,应力-应变关系呈现出硬化现象。因此可推导出泥岩、砂岩、砂质泥岩的转化围压分别为 19.33 MPa、10.23 MPa、16.68 MPa。这一结论由于受到岩样的矿物组成、含水率以及试验数据等因素的影响,会表现出一定的离散性,其正确性尚需要更多实验组进一步验证。

(2)弱胶结岩石水敏感性分析

为直观反映含水率对不同类型弱胶结岩石力学性质的影响规律,将各含水状态弱胶结岩石的峰值强度、残余强度和峰残强度差绘入坐标系并进行拟合,如图 2-24 所示。可以看出,随着含水率的增加,砂岩、砂质泥岩的峰值强度、残余强度和峰残强度差线性相关性较为明显,而泥岩则更符合负指数函数相关。拟合直线的斜率反映了饱水状态对岩石强度的影响程度,为此将该斜率定义为弱胶结岩石强度的水敏感系数 k_{W}:

$$k_{\mathrm{WS}} = \frac{\sigma_{\mathrm{S2}} - \sigma_{\mathrm{S1}}}{w_2 - w_1} \tag{2-6}$$

$$k_{\mathrm{WR}} = \frac{\sigma_{\mathrm{R2}} - \sigma_{\mathrm{R1}}}{w_2 - w_1} \tag{2-7}$$

$$k_{\mathrm{W(SR)}} = \frac{(\sigma_{\mathrm{S2}} - \sigma_{\mathrm{R2}}) - (\sigma_{\mathrm{S1}} - \sigma_{\mathrm{R1}})}{w_2 - w_1} = k_{\mathrm{WS}} - k_{\mathrm{WR}} \tag{2-8}$$

式中:k_{WS}、k_{WR}、$k_{\mathrm{W(SR)}}$ 为岩石峰值强度、残余强度和峰残强度差对水敏感系数;σ_{s}、σ_{R} 为岩石峰值强度、残余强度,MPa;w 为试样含水率,%。

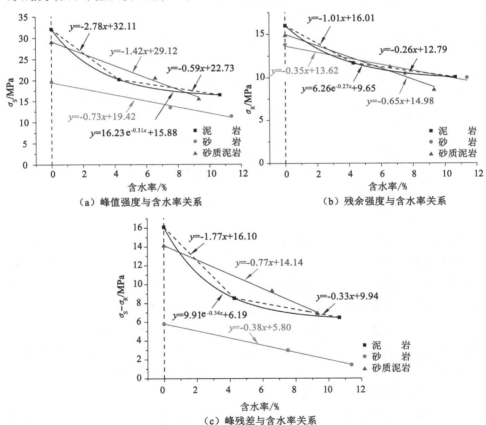

图 2-24 含水率与岩石峰值、残余强度、峰残差关系

由图 2-24 拟合结果,砂岩和砂质泥岩的水敏感系数可近似看作常数,但由于泥岩的强度与含水率符合负指数函数关系,其水敏感系数 k_w 随含水率增大而逐渐减小。通过对泥岩强度与含水率关系函数求导,得出泥岩的水敏感系数随试样含水率变化关系也服从负指数函数。三类岩石的水敏感系数随含水率变化关系如图 2-25 所示。

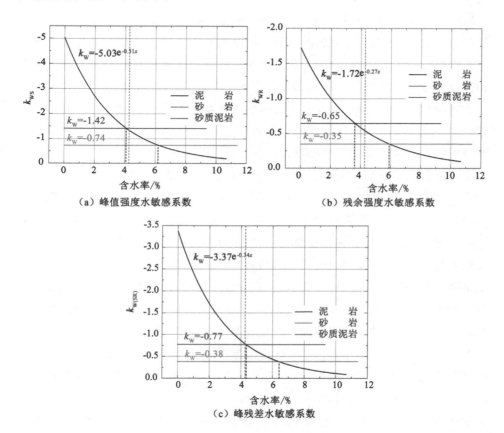

图 2-25　水敏感系数随试样含水率变化关系

　　由于岩石在自然界以天然含水状态赋存,水在岩石由天然含水状态达到水饱和与干燥过程中具有不同的微观行为[156]。为此,弱胶结岩石强度的水敏感系数研究可按天然含水状态失去水分和吸收水分两个阶段分析。当岩石由天然含水状态失去水分时,峰值强度、残余强度和峰残强度差的水敏感性顺序为:泥岩＞砂质泥岩＞砂岩;当岩石由天然含水状态吸收水分直至水饱和状态时,峰值强度、残余强度和峰残强度差的水敏感性顺序为：砂质泥岩＞泥岩＞砂岩或砂质泥岩＞砂岩＞泥岩。

（3）弱胶结岩石对围压及含水率差异化响应机制

三轴压缩实验结果表明，弱胶结地层三类岩石的峰值应变、峰值强度以及残余强度均随围压增大而增大，随含水率增大而减小。上述规律与岩石力学相关的理论和实验结果相吻合[157]。此外，通过上述实验还可以发现不论是围压还是含水率增大，都会导致弱胶结岩石的峰残强度差减小。结合弱胶结岩石的应力敏感性和水敏感性分析，不难发现该实验现象的产生是由于岩石峰值强度和残余强度对围压或含水状态的响应程度（敏感系数）不同而导致的。当围压增大时，残余强度的增长速度高于峰值强度的增长速度；当含水率升高时，峰值强度的降低速度大于残余强度的降低速度。因此，虽然围压升高和含水率增大都会引起岩石峰残强度差减小，但是两者的作用机制却并不相同。

已有研究一般认为多孔岩石强度是由晶粒尺寸、孔隙和胶结状态共同决定的[152,158-162]。根据前文针对伊犁矿区弱胶结岩石所开展的细观结构特征扫描电镜（SEM）测试结果，从胶结状态来看砂岩的胶结程度和受力稳定性最差，泥岩与砂质泥岩的胶结程度和连续性较强，力学性能相对较好。结合三类岩石的围压敏感性系数，可以发现当岩石孔隙度值较大时（如砂岩），晶粒尺度对岩石围压敏感性系数影响较小，随着孔隙度值的减小，这种效应增强。因此，在孔隙度较高的砂岩中，围压敏感系数主要取决于胶结状态和孔隙率，但对胶结状态相似、孔隙率较低的砂质泥岩和泥岩则主要取决于晶粒尺度。

对比三类岩石的细观结构和矿物组分可以看出，泥岩的孔隙率较低、黏土矿物含量较高，砂岩的孔隙率较高、黏土矿物含量较低，砂质泥岩则介于两者之间。当岩石含水率增大时，进入泥岩的水分子主要与黏土矿物相结合，进入砂岩的水分子则主要为游离孔隙水，砂质泥岩仍介于两者之间。由此，可以推断砂岩强度随含水率增大而降低的主导因素是孔隙水分子对岩石粉晶接触的润滑作用，泥岩强度随含水率增大而降低的主导因素是水分子对黏土矿物微晶结构的改变，砂质泥岩则是两种方式共同作用。结合岩石水敏感性系数，可以发现当岩石中的亲水性矿物含量较高时，岩石强度对含水状态的响应程度主要取决于亲水性矿物的含量，并随含水率增加而降低；当岩石中的亲水性矿物含量较低时，岩石强度对含水状态的响应程度主要取决于岩石孔隙率，孔隙率越大响应敏感性越弱。

2.4.4　弱胶结泥岩变形破坏机制

弱胶结煤系地层中,煤层上覆的泥岩层是保水开采研究重点关注的目标隔水层,在开采扰动下其变形破坏特征与隔水稳定性密切相关。为此,准确掌握弱胶结地层泥岩在采动应力环境条件下的变形机制和破坏模式是研究隔水层采动稳定性的基础。由"2.4.1 不同含水率岩石三轴压缩试验"可见,所有试件破坏形式均为单一剪切面破坏,本节重点基于岩石声发射特征和数值计算方法分析泥岩试样变形破坏机制。

(1)弱胶结泥岩三轴压缩试验声发射特征分析

基于岩石变形破坏的声发射(AE)监测原理,声发射系统记录的振铃数被广泛用于岩石损伤破坏特征表征参数。三轴压缩试验过程中当被监测试件的声发射特征参数发生变化时,必然有应变能的释放,主要归因于岩石细观结构的位错运动产生断裂和裂纹扩展。为此,以声发射振铃数为表征参数,研究砂质泥岩和泥岩的特性具有可行性。弱胶结泥岩在不同应力状态下"应力-时间-声发射振铃计数"关系如图 2-26 所示,(a)～(c)分别对应围压 1.0 MPa、3.0 MPa、5.0 MPa。

根据试验测试结果,弱胶结地层泥岩具有常规岩石的五个阶段,声发射特征与各阶段岩石力学特性具有较好的对应关系。弱胶结地层砂质泥岩随着围压增大,峰值强度、残余强度均增加,岩石峰前塑性提高,残余阶段振铃计数有增大趋势,但弹性阶段持续时间较短,应力软化阶段持续时间增长。

弱胶结地层砂质泥岩在不同应力状态下"应力-时间-声发射振铃计数"关系如图 2-27 所示,(a)～(c)分别对应围压 1.0 MPa、3.0 MPa、5.0 MPa。对比图 2-26,可以看出:砂质泥岩在原始裂隙压密阶段就已经有了较多且大的振铃数,说明砂质泥岩的原始裂隙较多。峰前各个阶段均具有较大能量密集振铃计数,说明岩石内部一直处于裂隙发育和扩展过程,因此砂质泥岩不具有实际意义的线弹性阶段。在进入残余强度阶段前后,砂质泥岩出现较大的振铃计数。

由图 2-26、图 2-27 可看出,初始压密阶段,随着轴向载荷增大,AE 传感器记录的振铃数持续增加;弹性变形阶段,岩石应力-应变曲线近似直线,轴向变形主要源于微裂隙闭合,因胶结颗粒固体骨架压缩和颗粒间滑动产生弹性变形,但声发射特征不明显;塑性变形阶段,岩石内部原生微裂隙将再次扩展,发育范围进一步扩大。同时,岩石内部新产生的微裂隙迅速发展并逐渐积累。

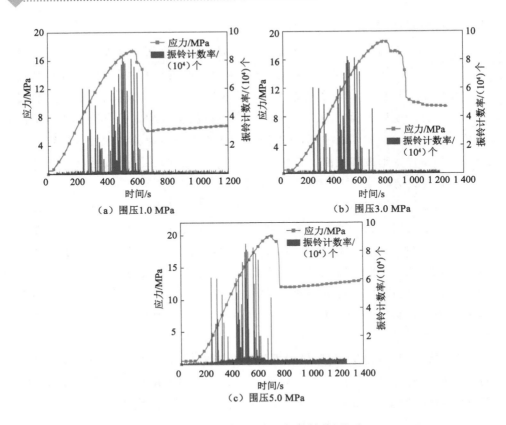

图 2-26 泥岩"应力-时间-振铃计数"关系

岩石加载到破坏过程,声发射特征从弹性阶段相对平静到持续出现较大能量和振铃计数,最终达到振铃数峰值。该过程中,振铃计数峰值时,岩石并未出现宏观破坏,但随着内部裂隙快速扩展、损伤加快,可以声发射特征作为岩石破坏前兆信息。岩石达到峰值强度时,振铃计数等声发射特征不明显。应变软化阶段:裂隙快速扩展贯通,岩石产生宏观破裂面,承载能力急剧下降。残余强度阶段:加载达到岩石峰值以后,岩石试样发生破坏,但仍存在残余强度,具有一定承载能力;持续位移加载,声发射计数较小,但持续整个阶段,说明依然存在次生裂隙的发育和扩展。

由于沉积地层岩石具有非均质性,当测试试件的数量有限的情况下,仅依据力学测试结果对岩石的变形和破坏力学特性进行分析,并不能有效掌握岩石力学属性。为此,本书基于力学测试结果,采用数值计算方法进一步研究弱胶

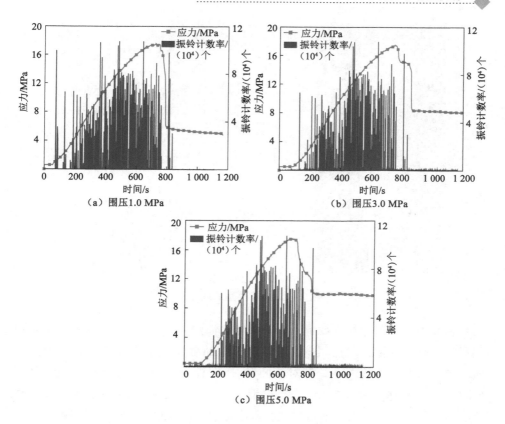

图 2-27　砂质泥岩"应力-时间-振铃计数"关系

结泥岩的变形破坏机制。

（2）弱胶结泥岩数值计算模型构建

颗粒流程序（简称 PFC），主要用于散粒体或可简化为散粒体的系统相关力学研究。与连续介质力学方法不同的是，PFC 从细观结构角度研究介质的力学特性和行为，岩石介质的宏观力学特性如本构关系决定于颗粒和黏结的几何和力学特性。试样模型由圆盘刚性颗粒构成，通过接触产生作用力颗粒可以移动和旋转，适用于泥岩渐进性破坏过程的分析。如果模型中的最大力超过其黏结强度，不同颗粒之间的黏结键将被破坏，因此岩石细观参数合理是研究结论可靠的基础。基本数值模型尺度按照实际测试试件的参数配置，确定构建长度 100 mm、宽度 50 mm 的矩形模型作为 PFC 2D 基本模型，如图 2-28 所示。

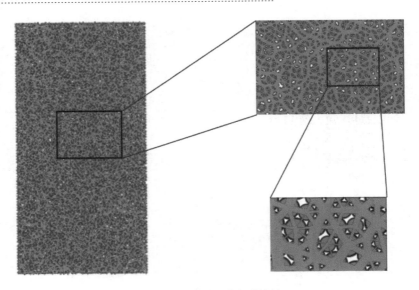

图 2-28　试样及其加载方向

微观力学参数选择是数值计算结果可靠性的关键,合理的微观参数是模拟结果有效性的保障。然而,目前 PFC 软件中的微观力学参数与实验获取的宏观参数间并没有直接关联。针对该问题,研究设计微观参数的校准过程,如图 2-29 所示。具体步骤包括:① 选择典型试样在单轴压缩下的应力-应变曲线作为参考;② 对关键细观力学参数进行校准,直到数值模型的应力-应变响应和破坏形式都与物理试验对应参数相匹配。表 2-9 为图 2-29 中所使用的参量表述。

根据图 2-29 所描述的校准过程,确定用于再现单轴压缩下的弱胶结泥岩的微观参数,见表 2-10。

通过比较数值模型和实验测试的轴向应力-应变关系曲线(图 2-30),可见数值模型的力学响应与实验室测试得到的对应数据吻合度较高。除了应力-应变响应外,数值模型的破坏模式与测试试样亦非常相似,由此说明图 2-29 所采用的细观岩石力学参数标定方法具有较好可行性。

上述基本模型的验证说明采用 PFC 数值计算软件构建模型研究合理性。双向压缩试验过程中,双轴建模和单轴建模之间的唯一区别是,后者被强加了一个特定的边界条件来实现约束围压。此外,PFC 程序中的固有边界是刚性的,边界和刚性颗粒都会移动重叠。为成功约束试验压力应用于数值模型,采用自定义函数(UDF),确定模拟过程的恒定围压。在此,采用渐进式膨胀法来生成模型,并采用位移加载,边界墙体加载速度为 0.1 m/s[163]。

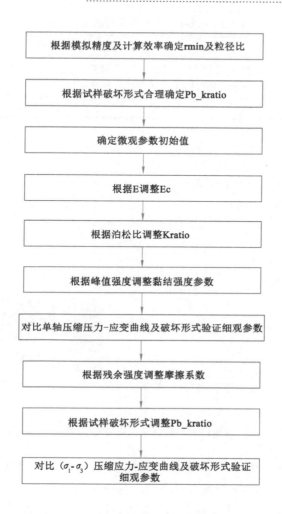

图 2-29　细观岩石力学参数标定过程

表 2-9　图 2-29 中使用的简称的含义

简称	描述
Kratio	法向剪切刚度比
Pb_kratio	黏结法向剪切刚度比
Ec	颗粒接触模量
E	弹性模量

表 2-10　单轴数值模型选用微观力学参数

颗粒				平行黏结				
最小粒径 /mm	粒径比	密度 /(kg/m³)	摩擦 因数	颗粒接触法向 刚度/切向刚度	颗粒接触弹性 模量/GPa	抗拉强度 /MPa	黏聚力 /MPa	内摩擦角 /(°)
0.45	1.67	1 650	0	1.95	2	5	5	19

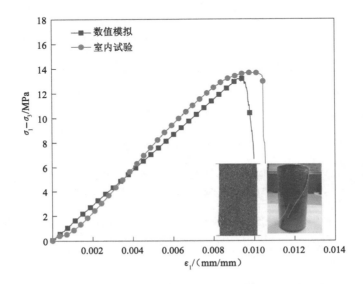

图 2-30　室内单轴与数值模拟应力-应变及破坏模式对比

完成基础模型构建,紧接着施加围压,研究弱胶结泥岩在不同围压下的破坏过程。按照图 2-29 中的校准程序确定双轴模型的细观力学参数,见表 2-11。基于该数值模型,图 2-31 比较了 3.0 MPa 侧向围压下的泥岩试样的轴向应力-轴向应变曲线和破坏特征。数值模拟曲线代表上文讨论的双轴模型,这两条曲线匹配度较高,验证了所构建 PFC 模型有效性。

表 2-11　单轴数值模型选用细观力学参数

颗粒				平行黏结				
最小粒径 /mm	粒径比	密度 /(kg/m³)	摩擦 因数	颗粒接触法向 刚度/切向刚度	颗粒接触弹性 模量/GPa	抗拉强度 /MPa	黏聚力 /MPa	内摩擦角 /(°)
0.45	1.67	1 650	0.53	1.95	2	5	5	19

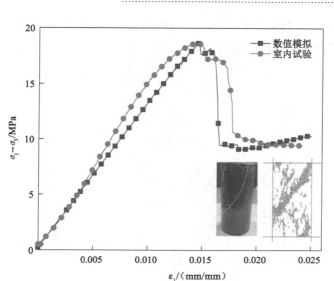

图 2-31　室内试验与数值模型"应力-应变"及破坏特征对比（$\sigma_3 = 3.0$ MPa）

（3）弱胶结泥岩变形破坏特征及应力-应变关系分析

基于已构建的弱胶结泥岩基础数值模型，分别施加不同围压（3.0 MPa、4.0 MPa、5.0 MPa、6.0 MPa、7.0 MPa、8.0 MPa），进行轴向加载，岩石试样破坏特征、应力-应变关系曲线如图 2-32、图 2-33 所示。由数值实验的试样破坏特征（图 2-32），可见弱胶结泥岩试样的微裂隙对围压约束压力很敏感，当约束围压相对较小时（3.0 MPa、4.0 MPa 和 5.0 MPa），弱胶结岩石试样的微裂隙主要集中于剪切带附近。随着轴向载荷增加，试样内部微裂隙逐渐发育扩展形成细观剪切裂隙，随着细观裂隙的扩展，聚集形成宏观裂纹。此外，通过不同围压数值实验还可以发现，在低围压（3.0 MPa、4.0 MPa 和 5.0 MPa）条件下，泥岩试样形成具有单一剪切裂纹的破坏形式与实验室三轴压缩试验所产生的破坏形式非常相似。然而，随着围压增大，超过临界围压时（6.0 MPa、7.0 MPa 和 8.0 MPa），就会出现"X"形状的破坏带（图 2-32）。对比测试结果，通过测试所得的部分岩石参数可以看出，随着围压增加，试样具有从脆性向塑性转变的趋势。

随着围压增大，弱胶结泥岩的峰值强度及残余强度均呈增大的趋势。此外，不同围压下泥岩应力-应变曲线，试样弹性模量也具有随围压增大呈现增大的趋势，说明围压的束缚对岩石试样细观结构具有压密作用，宏观力学性质的体现为岩石弹性模量增大。从峰值强度前后的应力-应变曲线变化趋势可以看出,围压增大导致了弱胶结泥岩由脆性向延性过渡,峰值强度对应的应变增大,表明弱胶结泥岩的塑性特征更明显。

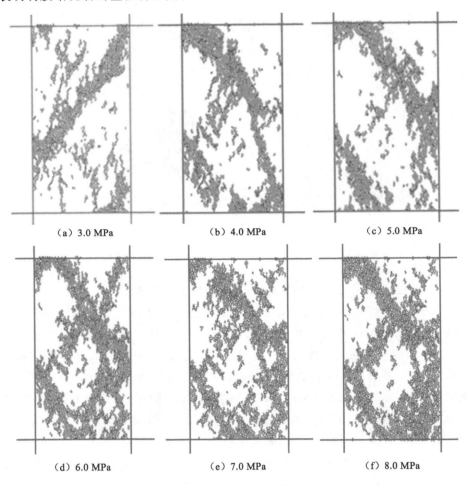

（a）3.0 MPa （b）4.0 MPa （c）5.0 MPa

（d）6.0 MPa （e）7.0 MPa （f）8.0 MPa

图 2-32　不同围压下泥岩破坏特征

　　根据数值实验监测结果,围压由 3.0 MPa 到 8.0 MPa,岩石的应力-应变曲线如图 2-33 所示。很明显,弱胶结泥岩试样的峰值强度、残余强度及弹性模量都随着约束压力的增大而增大。特别是,围压的增加导致弱胶结泥岩试样从脆性过渡到具有一定轴向变形能力的塑性特征。基于数值实验结果,结合保水开采工程实践特征,煤层上覆岩层在不同应力环境条件下的变形特征和破坏形式是影响覆岩活动和隔水层稳定性的重要因素。

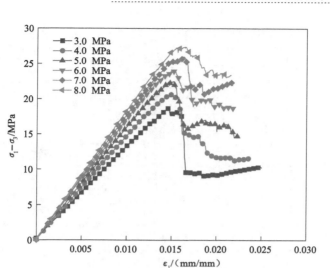

图 2-33　不同围压下泥岩应力-应变曲线

（4）弱胶结泥岩变形破坏机制分析

合理的数值计算模型是分析岩石试样在不同应力环境条件下的渐进变形破坏规律的有效方法。不同围压下岩石试样的裂隙发育和扩展过程如图 2-34 所示，岩石试样产生的拉伸裂隙为绿色显示，剪切裂隙用红线显示，每一个特定围压条件下的 5 幅特征图分别对应应力-应变曲线五个阶段（初始压密阶段、弹性阶段、塑性变形阶段、应变软化阶段、残余强度阶段）。一般来说，岩石裂隙是由受压岩石试样内部不同位置的不平衡力引起。如果不平衡力超过了试样的抗剪或抗压强度，在这些特定位置就会出现剪切或拉伸微裂隙，多条微裂隙相互贯通，导致最终的破坏。从图 2-34 可以看出，当试样处于不同的围压条件时，弱胶结泥岩的前峰破坏过程大致相同。也就是说，主裂隙面一般在达到峰值强度时形成。然而，这些裂缝在峰后阶段会迅速扩展，从而产生宏观断裂面。

结合图 2-34、图 2-35 可以看出，在初始压密阶段没有观察到任何裂纹。弹性阶段微裂隙逐渐发育，首先产生拉伸裂隙，然后剪切和拉伸裂纹逐渐发育。由图 2-35 弱胶结泥岩应力-应变-微裂隙关系统计结果可看出，试样内部微裂隙以拉伸裂隙为主，最终形成宏观裂纹，数值反演结果与实验室测试结果基本一致。

由图 2-35 可知，当试样达到峰值强度时，内部微裂隙数量变化呈现约 90°的线性增长。可见，试样微裂隙主要在加载到峰值强度附近迅速扩展，并最终发

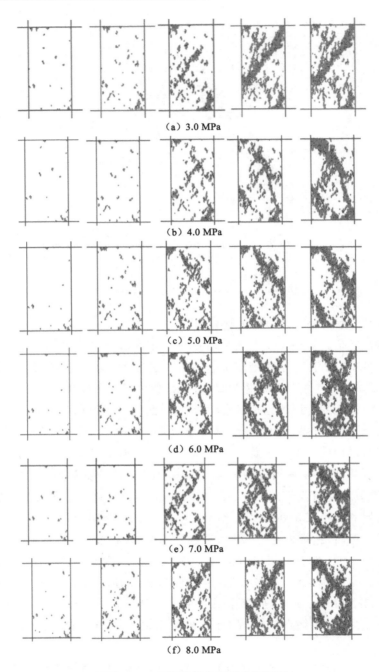

（a）3.0 MPa

（b）4.0 MPa

（c）5.0 MPa

（d）6.0 MPa

（e）7.0 MPa

（f）8.0 MPa

图 2-34　不同阶段岩石裂纹发育图

育成为宏观裂纹。由此表明,弱胶结泥岩的破坏过程主要集中在峰值强度附近,而在残余强度阶段,拉伸裂隙缓慢增加,剪切裂隙则基本不再新增。此外,图2-35统计的微裂隙累积数量呈非对称的"Z"形曲线,说明试样压缩过程微裂隙的非线性增长特征。"Z"形曲线总体由 5 个部分组成,包括:初始压实阶段的无裂隙开始部分、弹性阶段的缓慢增长部分、塑性变形阶段的快速增长部分、应力软化阶段的快速增长部分,以及对应于残余强度阶段的平滑增长部分。在裂隙发育的初始阶段,剪切和拉伸两种微裂隙逐渐产生,大部分为拉伸裂隙。裂纹扩展过程中,拉伸裂隙的数量快速增加。岩石峰前阶段和应力软化阶段两种裂隙的增长趋势大致相似,数量较少。在残余强度阶段,剪切裂纹保持稳定,而拉伸裂隙则稳步增长。

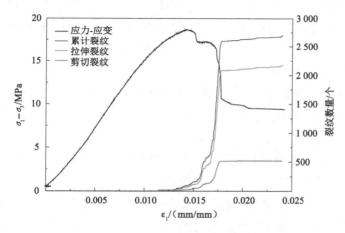

图 2-35　弱胶结泥岩应力-应变-微裂隙关系($\sigma_3 = 3.0$ MPa)

对比实验室试验和数值反演结果,弱胶结泥岩的微裂隙在峰前塑性变形阶段和峰后应变软化阶段发展迅速。渐进式破坏过程分析表明,弱胶结岩泥岩和砂质泥岩试件的变形和破坏主要集中在峰前塑性变形阶段和峰后应变软化阶段。

2.5　采动应力路径下弱胶结岩石渗流特性

基于"2.2.1 岩石主要力学参数"中采集的新疆伊犁地区侏罗系地层岩石制备的标准岩石力学试样,利用中南大学 MTS815.03 电液伺服试验机进行三轴压缩渗透率测试。试验主要涉及弱胶结地层三类典型岩石,分别测试分析"恒定围压轴向加载"和"采动应力路径加载"条件下岩石的变形与渗透率演化规律。根据测试结果,从微观结构和矿物组成方面,分析弱胶结岩石渗流特征的影响因素。

2.5.1 弱胶结岩石三轴压缩渗透率测试

（1）试验岩样和制备

根据"2.2.1 岩石主要力学参数"中采集的新疆伊犁地区侏罗系地层岩石,对原样岩石进行分类,去除杂质较多、有天然裂纹及风化的岩样,尽可能排除试样的离散性对试验的影响。按照国际岩石力学学会(ISRM)建议的试样标准,制备泥岩、砂质泥岩、砂岩的标准柱状样,尺寸为 $\phi50$ mm$\times100$ mm(直径$\times$高度)。试验采用瞬态法测试岩石试样在三轴压缩过程中的渗透率变化规律,因此需在试验前将标准岩石试样放入恒温恒湿箱养护,直到岩石试样达到水饱和状态。

（2）采动应力路径分析

根据谢和平等的研究成果[31],随着煤层开采,顶板岩石在工作面回采过程中主要经历 3 种应力状态过程:

① 未受开采扰动的原岩应力状态;

② 受开采扰动影响下的垂直应力升高而水平应力降低,直到发生破坏;

③ 工作面回采结束以后的应力状态恢复。

其中,放顶煤开采过程中,垂直应力的峰值约为原岩应力的 2.5 倍,由此确定拟通过试验反演的试件应力状态过程如图 2-36 所示。三轴压缩试验过程中轴向载荷反演垂直应力,环向载荷(围压)反演水平应力,通过增加岩样的轴向

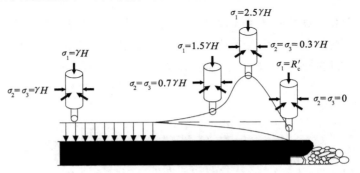

图 2-36　煤层开采下围岩的应力状态

载荷以及降低围压来模拟岩石受采动影响的力学状态。由于试验中拟测试岩石渗透率,故围压不能降到 0 MPa,结合工程条件确定试验测试的最小围压值为 2.0 MPa,采动应力影响下岩石的加卸载应力路径如图 2-37 所示。

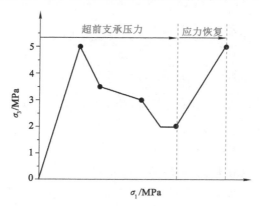

图 2-37　采动应力加载路径

（3）试验测试方案

试验拟采用瞬态法测定岩石的渗透率,通过测试一定时间内孔隙压力梯度的变化值,计算压力梯度变化率,基于"压力梯度-压力梯度变化率"散点拟合曲线分析弱胶结岩石渗透演化特性。由于采用瞬态法测定岩石渗透率,实验过程中每测定 1 次渗透率,压力梯度均会出现应力跌落现象。

试验岩样包括泥岩、砂质泥岩、砂岩三类,对每类岩样分别采用恒定 5.0 MPa 围压轴向加载和采动应力路径加载两种方式。初始围压施加完毕后,施加 1.0 MPa 的水压差,再进行轴向加载,试验全程监测试样应力、应变和渗透率。主要试验过程包括:

① 用热缩管包裹岩石试件,将试件置于试验系统内,安装好渗流管路、环向引伸计和轴向引伸计,放下三轴围压室;

② 轴向施加≤0.5 MPa 量值的低轴压,随后依次加载围压 σ_3 和轴压 σ_1 到试验设计值;

③ 试件一端施加水压 P_1,另一端施加水压 P_2,保证两端水压差为 1.0 MPa;

④ 采用 0.003 mm/s 的加载速率对试件进行轴向加载,直到试件破坏。试验过程对轴向应力、轴向位移、径向位移进行监测。岩样编号和测试参数见表 2-12。

表 2-12　岩石样本信息和测试程序

试样编号	岩性	围压/MPa	渗透压差/MPa	加卸载模式
M-01	泥岩	5.0	1.0	恒定围压加载
SM-01	砂质泥岩	5.0	1.0	
S-01	砂岩	5.0	1.0	
M-02	泥岩	5.0→2.0→5.0	1.0	采动应力路径加载
SM-02	砂质泥岩	5.0→2.0→5.0	1.0	
S-02	砂岩	5.0→2.0→5.0	1.0	

2.5.2　弱胶结岩石渗透率演化规律

（1）弱胶结岩石应力-应变-渗透率关系

泥岩、砂质泥岩、砂岩三类岩石试样在恒定围压加载过程的应力-应变-渗透率曲线如图 2-38 所示,采动应力路径加载过程的应力-应变-渗流曲线如图2-39所示。为有效表征弱胶结地层三类岩石试样加载过程中渗透率变化规律,根据岩石三轴压缩变形特征,可将实验过程划分为三个阶段:体积压缩阶段(S_1)、屈服阶段(S_2)和峰后阶段(S_3)。

恒定围压加载条件下,弱胶结岩样的渗透率演化随岩石变形具有明显阶段性特征,具体包括:

① 体积压缩阶段(S_1)。岩样的内部原生孔隙、裂隙逐渐闭合,岩石试件渗透率逐渐降低,直到降低到渗透率最小值。

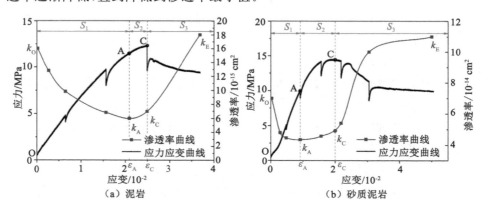

（a）泥岩　　　　　　　　　　　　（b）砂质泥岩

图 2-38　恒定围压下岩石应力-应变-渗透率关系

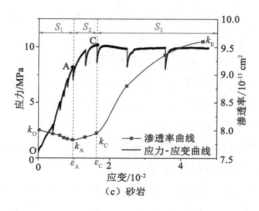

图 2-38　（续）

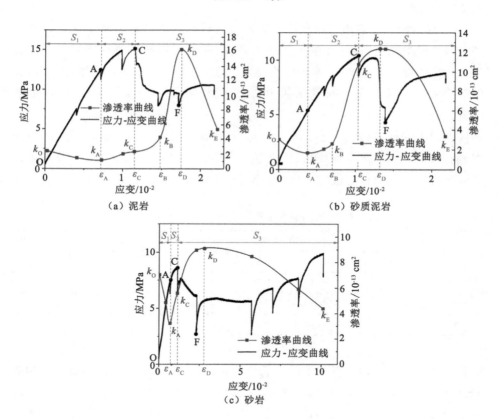

（a）泥岩

（b）砂质泥岩

（c）砂岩

图 2-39　采动应力路径下岩石应力-应变曲线-渗透率关系

② 屈服阶段(S_2)。岩样内部微裂隙逐渐发育,试件渗透率开始增加,应力逐渐达到峰值强度发生破坏。

③ 峰后阶段(S_3)。由于试件破坏产生贯通裂隙,导致岩样渗透率快速增加。随着持续轴向加载,与泥岩不同,砂岩和砂质泥岩的渗透率逐渐趋于稳定。

相对于恒定围压加载条件下弱胶结岩样渗流特征,采动应力路径下的渗透率演化存在较为明显差异,具有以下特点:

① 采动应力加载路径条件下,弱胶结岩石体积压缩阶段应变小于 0.7%,与恒定围压条件相比该阶段相对较短。

② 三类岩石在屈服阶段的曲线差异性特征较为显著。此阶段岩样细观裂隙开始发育,砂质泥岩、砂岩的渗透率增长速度迅速增加,但泥岩的渗透率增长速度较为缓慢。

③ 峰后阶段主要由岩样贯通裂隙发育过程和应力恢复过程组成。岩样达到极限强度后发生破坏,产生大量贯通裂隙,导致岩样渗透率快速增加。随着岩石试样的围压逐渐增加,岩样体积逐渐压缩,岩样的应力亦开始增加,其内部前期产生的扩展裂隙和贯通裂隙开始缓慢闭合,进而导致岩样渗透率逐渐降低。

为便于表征,以 k_O、k_A、k_B、k_C、k_D、k_E 分别表示岩石的初始点、屈服点、突变点、应力峰值点、渗透率峰值点、终点这 6 个点的渗透率;ε_A、ε_B、ε_C、ε_D 分别表示相应的应变值。两种加载方式岩石屈服点、破坏点应变率见表 2-13。

表 2-13　两种加载方法每个阶段的应变和渗透率变化

岩性	恒定围压		采动应力路径		屈服点应变比	破坏点应变比	渗透率增长率 /%
	ε_A	ε_C	ε_A	ε_C			
泥岩	2.16	2.49	0.71	1.19	0.33	0.48	54.74
砂质泥岩	0.89	1.99	0.38	1.04	0.43	0.52	4.15
砂岩	0.95	1.74	0.75	1.25	0.79	0.72	3.39

对比两种应力路径条件下的渗透率演化特征,采动应力路径加载对试样的渗透率和应变影响显著。泥岩、砂质泥岩和砂岩在采动应力路径下的屈服点应变与恒定围压加载下的屈服点应变之比分别为 0.33、0.43、0.79;采动应力路径加载条件下的破坏点应变与恒定围压加载条件下的破坏点应变比分别为 0.48、0.52、0.72。上述结果表明:采动应力路径加载促进了弱胶结岩石的裂隙发育

速度,使岩石更快达到屈服点,岩样更容易发生破坏,破坏过程中岩石渗透率增长速率亦大幅度提高。其中:采动应力路径下泥岩、砂质泥岩、砂岩的渗透率增长速率分别为恒定围压条件下的 54.74 倍、4.15 倍、3.39 倍。从整体演化特征来看,弱胶结岩石渗透率受围压的影响显著,且与围压呈负相关关系。

(2) 弱胶结岩石试样破坏形态分析

对试验后的泥岩、砂质泥岩、砂岩试件进行拍照,分析破坏形式。泥岩、砂质泥岩、砂岩在两种加载方式下,岩样的破坏形态如图 2-40 所示。

（a）M-01　　　　　（b）SM-01　　　　　（c）S-01

（d）M-02　　　　　（e）SM-02　　　　　（f）S-02

图 2-40　泥岩、砂质泥岩和砂岩的破坏特征

泥岩试样结构比较紧密,其中含有一些肉眼可见的杂质(煤岩碎屑),砂质泥岩和砂岩试样可以看到含有少量的杂质。恒定围压条件下,泥岩的破坏形式以剪切破坏为主,整个试件有多处破裂产生的微小裂隙[图 2-40(a)];砂质泥岩破坏的形式以剪切破坏为主,主裂缝由下向上倾斜[图 2-40(b)];砂岩中部被两条缓倾角裂隙切割的局部块体由于不协调变形而被挤出,岩样的完整性较好,

残余强度与峰值强度的比值相对较高[图 2-40(c)]。采动应力路径条件下,泥岩试样出现多处破裂,主要裂隙为张拉-剪切破坏产生的裂隙[图 2-40(d)];砂质泥岩也受剪切破坏出现与水平面呈约 60°的破坏裂隙[图 2-40(e)];砂岩的中部产生一条倾角较小的裂隙,岩样存在着明显的扩容现象,主要产生塑性挤出破坏[图 2-40(f)]。

通过对比分析,发现采动应力路径加载条件下,泥岩破坏程度高,岩样裂隙数量明显高于恒定围压加载条件的泥岩试样;砂质泥岩的破坏角明显增大,并且裂隙贯穿整个岩样;砂岩的塑性变形明显,环向扩容量增大。

(3)采动应力路径下弱胶结岩石渗流特性分析

由上述分析可以看出,采动应力路径加载方式对弱胶结岩石应变-渗流特征的影响显著,但泥岩、砂质泥岩、砂岩在采动应力作用下渗流特性也具有明显差异。为直观反映出泥岩、砂质泥岩、砂岩在采动作用下的渗流特性,定义最大渗透率增长倍数 M、渗透率变化幅度 N、渗透率增长速率 P_i、渗透率恢复速率 P_r 来描述渗透率曲线变化特征,见表 2-14。

$$M = k_C/k_O \tag{2-9}$$

$$N = k_C/k_A \tag{2-10}$$

$$P_i = (k_C - k_B)/(\varepsilon_C - \varepsilon_B) \tag{2-11}$$

$$P_r = (k_C - k_E)/(\varepsilon_E - \varepsilon_C) \tag{2-12}$$

由表 2-14,泥岩、砂质泥岩、砂岩的初始渗透率分别为 2.40×10^{-14} cm²、3.03×10^{-14} cm²、7.01×10^{-13} cm²。泥岩、砂质泥岩的初始渗透率均小于 1.00×10^{-13} cm²,表明未破裂的泥岩和砂质泥岩具有较低的渗透性和较强的隔水性能。通过对比,三类岩石的渗透率变化幅度和渗透率恢复速率各不相同,按泥岩、砂质泥岩、砂岩的顺序依次减小。三类岩样最大渗透率增长倍数分别为6.79、4.09、1.21,渗透率变化幅度分别为 14.05、5.9 和 2.66。表明弱胶结岩石初始渗透率越低,其渗透率变化幅度越大。

表 2-14 采动应力路径条件下各阶段岩石渗透率

岩　性	k_O /10^{-14} cm²	k_A /10^{-14} cm²	k_D /10^{-13} cm²	k_E /10^{-14} cm²	M	N	P_i /10^{-11} cm²	P_r /10^{-12} cm²
泥岩	2.40	1.16	1.63	5.32	6.79	14.05	5.02	23.50
砂质泥岩	3.03	2.10	1.24	3.25	4.09	5.90	2.49	11.18
砂岩	70.10	32.00	8.50	43.70	1.21	2.66	3.53	5.87

应力恢复阶段,泥岩、砂质泥岩的渗透率能快速恢复,而砂岩恢复到原岩应力这一过程则较为缓慢。泥岩、砂质泥岩、砂岩的渗透率恢复速率分别为 2.35×10^{-11} cm^2、1.12×10^{-11} cm^2、5.87×10^{-12} cm^2,可以看出总体按泥岩、砂质泥岩、砂岩的渗透率恢复速率呈依次减小的特征。泥岩、砂质泥岩恢复后的渗透率分别为 5.32×10^{-14} cm^2、3.25×10^{-14} cm^2,恢复后的渗透率均大于初始渗透率,但砂岩恢复后的渗透率为 4.37×10^{-13} cm^2,恢复后的渗透率小于初始渗透率。

（4）采动应力路径下弱胶结岩石渗透率曲线滞后性分析

由图 2-41 可以看出采动应力路径加载条件下,泥岩、砂质泥岩的渗透率曲线均要先经历一段缓慢增长阶段,而砂岩则没有这一阶段。泥岩的渗透率突增点在应力峰值点之后;砂质泥岩的渗透率突增点在应力峰值之前;砂岩的渗透率突增点在应力峰值之前,且和屈服点重合。表明泥岩、砂质泥岩的渗透率变化滞后于岩石的破裂状态。结合裂纹应变模型,岩石的渗透率变化主要受裂隙发育程度影响。对于岩石三轴压缩试样,体积应变 ε_v 可以表示为:

$$\varepsilon_v = \varepsilon_1 + 2\varepsilon_3 \tag{2-13}$$

式中:ε_1 和 ε_3 分别为岩石的轴向应变和侧向应变。

体积应变可以分解为两个部分:① 由于加载过程中岩石内部裂纹闭合、萌生、张开以及贯通等不同状态引起的裂纹体积应变 ε_{cv};② 相同应力水平下的弹性体积应变 ε_{ev}。从总的体积应变中减去弹性体积应变可得到裂纹体积应变,具体计算公式为:

$$\varepsilon_{cv} = \varepsilon_v - \frac{(1-2\nu)(\sigma_1 + 2\sigma_3)}{E} \tag{2-14}$$

式中:E 和 ν 分别为应力应变曲线求得的弹性模量和泊松比;σ_1 和 σ_3 分别为轴向应力和侧向应力。

通过采动应力路径下三类岩石的裂隙体积应变与渗透率关系曲线可以看出,泥岩、砂质泥岩、砂岩的裂隙体积应变曲线和渗透率曲线的契合程度依次增高。泥岩的渗透率曲线滞后于岩石的裂隙体积应变曲线,表明泥岩裂隙发育后,渗透率并没有快速增加,泥岩渗透率变化存在较为显著的滞后性。

2.5.3　弱胶结岩石渗流特性影响因素

由于泥岩、砂质泥岩、砂岩在采动应力路径加载条件下各阶段的渗透率变化程度不同,且泥岩渗透率变化存在明显的滞后性。为了探究弱胶结岩石渗透特性的影响因素,结合"2.3 弱胶结岩石组分及细观结构特征"XRD 衍射、电镜扫描(SEM)对三种岩石的矿物成分、微观结构测试结果开展进一步研究。

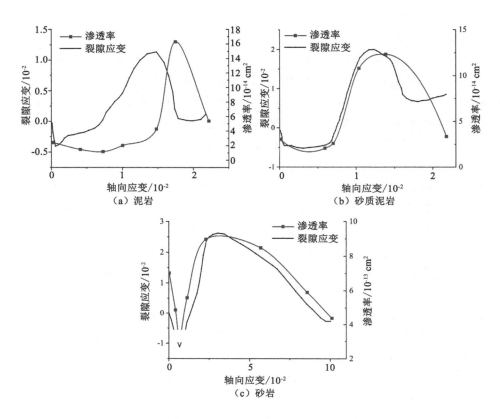

图 2-41　采动应力路径下岩石裂隙的体积应变和渗透率关系

XRD 衍射试验结果表明,泥岩中含有丰富的高岭石、蒙脱石和伊利石等黏土矿物,而砂质泥岩、砂岩中以高岭石和伊利石为主,三类岩石样品中黏土矿物含量见"2.3 弱胶结岩石组分及细观结构特征"表 2-6。泥岩、砂质泥岩、砂岩的黏土矿物成分占比依次为 71%、36%、25%,三类岩石中黏土矿物成分占比具有递减趋势。其中泥岩的黏土矿物的主要成分为高岭石、伊利石/蒙脱石混层和伊利石,占总黏土矿物的比例分别为 30.53%、34.79% 和 5.68%。砂质泥岩的黏土矿物以高岭石为主,在全岩矿物中占比达 24.84%。砂岩中主要黏土矿物为高岭石,在全岩矿物中占比 17.25%。泥岩黏土矿物含量是砂质泥岩的 1.97 倍、砂岩的 2.84 倍。泥岩、砂质泥岩、砂岩的黏土矿物含量依次降低,而渗透性逐渐增高,表明渗透性与黏土矿物含量呈负相关。

弱胶结地层泥岩、砂质泥岩、砂岩的电镜扫描结果如图 2-42 所示。弱胶结

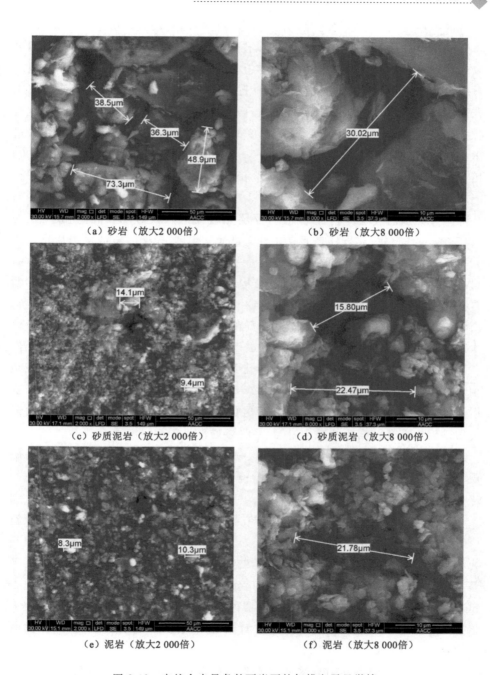

（a）砂岩（放大2 000倍）

（b）砂岩（放大8 000倍）

（c）砂质泥岩（放大2 000倍）

（d）砂质泥岩（放大8 000倍）

（e）泥岩（放大2 000倍）

（f）泥岩（放大8 000倍）

图 2-42 自然含水量条件下岩石的扫描电子显微镜

岩石内部存在一定的原生孔隙,岩石矿物颗粒结构疏松且轮廓清晰可见,碎屑填充物充填在孔隙结构中,胶结类型以孔隙充填式胶结为主。放大 2 000 倍,可以观察到砂岩内部结构疏松,存在较多孔隙,颗粒粒径较大(20~75 μm 之间),颗粒呈无序排列,可清晰看到絮状蒙脱石分布在颗粒表面、块状高岭石充填于孔隙中,图 2-42(a);砂质泥岩结构相比于砂岩较为紧密,具有少量孔隙,颗粒粒径大小主要分布在 8~15 μm 之间,图 2-42(c);泥岩内部结构致密,仅存在少量微小孔隙,颗粒粒径较小,主要分布在 5~12 μm 之间,图 2-42(e)。放大 8 000倍,可以观察到砂岩孔隙间距约 30.02 μm,孔隙中有少量絮状伊利石/蒙脱石混层填充,颗粒胶结程度较差,图 2-42(b);砂质泥岩的孔隙间距为 15~23 μm,孔隙间有大量的絮状伊利石/蒙脱石混层充填,图 2-42(d);泥岩的孔隙间距为 21.78 μm,孔隙较小,岩样表面存在着大量絮状伊利石/蒙脱石混层和片状的伊利石,颗粒胶结程度较好,图 2-42(f)。

砂岩的黏土矿物含量相对较低,结构疏松、内部孔隙多;而泥岩的黏土矿物含量较高,内部结构致密,这可能是导致泥岩低渗透性和强隔水性的主要因素。由于岩样中的松散结构和空隙导致岩石在三轴压缩试验初始阶段被压密,导致大部分岩石试样初始渗透率为最小渗透率的 2 倍以上。采动应力路径下泥岩、砂质泥岩的孔隙结构先由致密状态转化为松散状态,经过应力恢复后,孔隙结构逐渐压密恢复,但由于贯通裂隙导致岩样的完整性遭到破坏,所以应力恢复后岩样的渗透率大于初始渗透率。砂岩内部孔隙多、孔隙间距大,经过应力恢复后砂岩内部孔隙间距的减小,导致最终渗透率小于初始渗透率。

研究区域岩样的黏土含量较高,极易与水发生反应,为研究岩石遇水后微观结构的变化特征,利用扫描电子显微镜(SEM)对饱和水试样的微观结构进行进一步的研究。

从图 2-43 中可以观察到砂质泥岩在饱和水状态下表面不平整,部分大颗粒(20~40 μm)裸露出来;内部结构仍较为紧密,虽然存在孔隙,但较大的孔隙间充填物较少,较小的孔隙和颗粒间充填物较多。泥岩在饱和状态下表面亦不平整,可以看到一些较大的颗粒(10~20 μm)裸露出来;相对于自然状态下的泥岩试样,内部结构较为致密,大量的充填物存在于孔隙和颗粒间,在 8 000 倍放大倍数下未见超过 20 μm 的孔隙。通过对比自然状态下和饱水状态下的扫描电镜图片可以发现:

① 泥岩和砂质泥岩在饱和水状态下白色絮状的蒙脱石发生膨胀。

② 泥岩、砂质泥岩在自然状态下表面相对光滑、致密,饱水后表面粗糙。

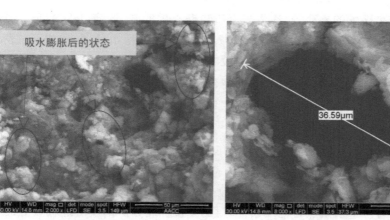

（a）砂质泥岩（放大 2 000 倍）　　　　（b）砂质泥岩（放大 8 000 倍）

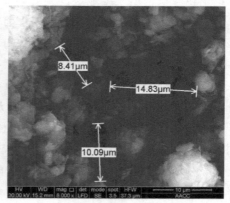

（c）泥岩（放大 2 000 倍）　　　　　（d）泥岩（放大 8 000 倍）

图 2-43　饱和水状态下泥岩和砂岩电镜图像

③ 饱水过程中,泥岩、砂质泥岩的黏土矿物会运移、填充到较小的裂隙中。

由于黏土矿物具有很强的水敏性,黏土矿物在遇到水时表现出明显的膨胀、泥化的特性,且黏土矿物在水的作用下产生分散运移[164]。结合弱胶结岩石在采动应力路径加载过程,渗透率滞后性影响因素主要包括:

① 体积压缩阶段,试样中存在的天然孔隙逐渐闭合,尚未形成新的裂缝,其次渗入的水使得黏土矿物膨胀、泥化,膨胀后的黏土矿物充填于原生孔隙中。导致该阶段渗透率逐渐减小,直到渗透率达到最小值。黏土矿物含量越高,黏土矿物膨胀、泥化的过程持续时间就越长。

② 进入屈服阶段,裂缝逐渐发育,导致渗透率逐渐增大。但裂隙的发育让

黏土矿物和水接触的更充分,使得黏土矿物遇水后膨胀、运移,从而堵塞了渗流通道。所以泥岩和砂质泥岩在屈服阶段,渗透率先平稳增长,随着岩石破坏到一定程度后,渗透率快速增长,而砂岩没有平稳增长的过程。

综上所述,黏土矿物遇水后膨胀、泥化、运移是导致岩石渗透率曲线变化滞后性的主要原因。黏土矿物含量是影响弱胶结岩石的渗流特性的主要因素,并决定了其渗透率曲线的滞后性强弱。

2.6 本章小结

(1)针对伊犁矿区煤岩地质条件,对比分析伊北和伊南煤田地层结构特征,总结出伊犁矿区弱胶结地层的主要岩石类型为砂岩、砂质泥岩和泥岩,通过测试和对比分析了弱胶结地层岩石遇水前后的强度和变形特征,认为弱胶结地层岩石遇水后的强度降低主要体现在水对岩石内聚力的弱化,弱胶结地层岩石遇水后的塑性变形增加主要体现了水对岩石弹性模量的弱化作用。

(2)分析采动地层应力环境和岩石水饱和状态,开展弱胶结岩石不同应力环境和饱水状态下的三轴压缩试验,通过构建泥岩隔水层的颗粒流模型,从微观角度分析弱胶结泥岩在三轴压缩过程中内部微裂纹发育规律及破坏机制。弱胶结地层三类岩石的力学强度总体较低,弱胶结地层岩石的峰值与围压呈正相关,但残余强度对围压的力学响应比峰值强度更敏感,三类岩石对围压的力学响应敏感性泥岩最强、砂质泥岩次之,砂岩最弱。

(3)弱胶结地层岩石的强度与含水率呈负相关,砂岩和砂质泥岩的强度随含水率增大而降低服从线性关系,泥岩则服从负指数函数关系。当岩石由天然含水状态失去水分时,泥岩对含水率的力学响应敏感性最强、砂质泥岩次之,砂岩最弱;当岩石由天然含水状态吸收水分直至水饱和状态时,砂质泥岩对含水率的力学响应敏感性最强,砂岩或泥岩相对较弱。

(4)结合 SEM 和 XRD 测试结果,分析认为弱胶结地层各类岩石对应力环境的力学响应敏感性取决于胶结状态、孔隙率和晶粒尺度,当岩石胶结状态相似、孔隙率较低时则由晶粒尺度所决定;对饱水状态的力学响应敏感性取决于岩石中亲水性矿物的类型和含量,当岩石亲水性矿物含量较低时,则由岩石的孔隙率所决定。

(5)相对于恒定围压条件,采动应力加载对岩石裂隙发育速度具有促进作用,岩石的屈服点和峰值点的应变均大幅度减少。其中:泥岩、砂质泥岩、砂岩采动应力路径下与恒定围压加载下屈服点应变之比分别为 0.33、0.43、0.79，采动应力路径下与恒定围压加载下破坏点应变之比分别为 0.48、0.52、0.72，采动应力路径下与恒定围压加载下渗透率增长速率之比分别为 54.74、4.15、3.39。

（6）黏土矿物含量是影响弱胶结岩石的渗流特性的主要因素，弱胶结岩样渗透性与黏土矿物含量成反比。弱胶结地层岩石中黏土矿物遇水后具有膨胀、泥化、运移的特性，是导致岩石渗透率曲线变化滞后性的主要原因，黏土矿物含量也决定了渗透率曲线滞后性强弱。

第3章 弱胶结采动覆岩"隔-阻-基"协同变形运动规律

围绕保水开采目标,根据受采动影响的覆岩位置和水理性质,可将煤层上覆岩层分为"上位隔水层""中位阻隔层"和"下位基本顶"三种类型。现有研究和工程实践普遍认为保持隔水层的采动稳定性是保水开采的核心,而"上位隔水层"变形程度受到"中位阻隔层"的控制,"中位阻隔层"的裂隙扩展又主要受"下位基本顶"的影响。因此,本章在前文的基础上,根据相似准则构建弱胶结特厚煤层组相似材料实验模型,通过监测分析不同开采方式和时步条件下弱胶结地层覆岩"下位基本顶"周期破断、"中位阻隔层"成组运动及"上位隔水层"协同变形的特征参数,研究弱胶结地层采动覆岩活动规律。

3.1 相似材料模型构建

矿山开采属隐蔽性地下岩石工程,采动覆岩的活动规律难以通过实测方式获取掌握。因此,利用相似材料进行物理模拟,反演煤层开采过程中覆岩的破断和移动规律就成为采矿工程相关研究的重要手段。本节根据相似材料模拟实验相关准则,结合研究区典型弱胶结地层的岩石力学参数和结构特点,计算物理实验模拟的相似参数构建相似材料实验模型,确定模型开挖和监测方案。

3.1.1 相似模拟参数

为了使相似模拟实验结果尽可能与实际采动覆岩活动规律一致,以伊犁能源集团伊犁四矿地质探明和揭露程度最高的首采区工程地质条件为基础进行模型构建。根据分布于首采区内的井田勘探钻孔 ZK001、ZK101、ZK304、ZK307、ZK402 所揭露的地层岩性和厚度特征,进行地层分析整合,概化出首采区的综合地层结构如表3-1所示。围绕保水开采研究目标,根据地层含/隔水性质,结合采动覆岩移动的基本规律、煤层开采过程中上覆岩层的基本活动规律和隔水特性,从地表由浅至深将煤系地层划分为:目标含水层、上位隔水层、中位阻隔层和下位基本顶。

表 3-1　典型地层结构特征

序号	岩性	实际厚度/m	累计埋深/m	所属地层	类型划分
J13	黄土层	20	20	第四系	
J12	砂砾层	10	30	第四系	目标含水层
J11	泥　岩	5	35	新近系	上位隔水层
J10	含砾粗砂	50	85	古近系	
J9	泥岩	10	95	侏罗系	中位阻隔层
J8	砂质泥岩	10	105	侏罗系	
J7	细砂岩	10	115	侏罗系	
J6	21-1 煤	5	120	侏罗系	下位基本顶
J5	中砂岩	8	128	侏罗系	
J4	砂质泥岩	12	140	侏罗系	中位阻隔层
J3	泥岩	5	145	侏罗系	
J2	23-2 煤	10	155	侏罗系	下位基本顶
J1	粉砂岩	10	165	侏罗系	

按照相似理论和相似准则[165],围绕研究目标,综合考虑实验精度和可行性,确定相似模型的几何相似比 C_l 为 1:100。根据相似模拟实验平台的规格尺寸,试验采用 2.5 m×2.0 m×0.2 m(长×高×宽)平面相似模型试验台,相似模型地层结构及边界条件如图 3-1 所示。根据现场采集的试样密度与相似模拟实验材料的密度比,确定相似模型的容重相似比 C_r 为 1:1.67。由相似准则中各相似参数计算关系,得出主要相似参数如下:

(1)时间相似条件:

$$C_t = t'/t = \sqrt{C_l} = 1:10 \qquad (3-1)$$

(2)应力相似条件:

$$C_f = C_l \cdot C_r = 1:167 \qquad (3-2)$$

(3)作用力相似条件:

$$C_f = C_r \cdot C_l^3 = 1:1.67 \times 10^6 \qquad (3-3)$$

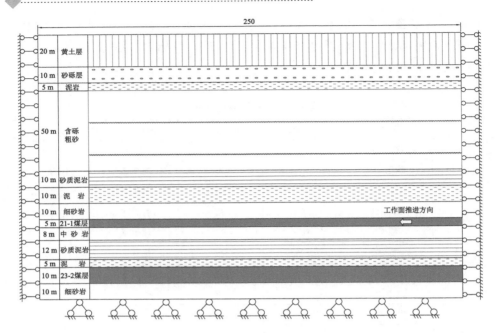

图 3-1 相似模型地层结构及边界条件

　　由于致使采场围岩发生变形、破坏的基本作用力是剪切应力和拉伸应力，岩层的基本破坏形式为剪破坏和拉破坏。同时，围岩的变形破坏与其弹性模量及泊松比等力学参数密切相关。根据主要相似条件选择材料[165]，实验的骨料为普通河沙，粒径小于 1.5 mm；胶结料为石膏、石灰；分层材料为 20 目云母粉（模拟岩石层理结构）。根据所选的相似材料，上覆岩层按照抗拉强度进行配比实验，测试结果如表 3-2 所示。

表 3-2 岩石测试强度相似材料配比强度对比

岩性/编号	泥岩 J11	泥岩 J9	粉砂岩 J8	泥岩 J7	泥岩 J5	砂岩 J4	泥岩 J3	砂岩 J1
抗拉强度/MPa	1.15	1.34	2.32	1.45	2.05	2.73	1.89	3.27
计算值/kPa	7.19	8.38	14.50	9.06	12.81	17.06	11.81	20.44
测试抗拉强度/kPa	6.93	8.31	15.02	8.79	13.21	17.13	11.94	20.11
偏离度/%	3.58	0.78	−3.59	3.01	−3.10	−0.40	−1.08	1.60

　　根据相似模拟试验台具体尺寸参数和配比试验测试的各配比容重、抗拉强度换算结果，按式(3-4)计算各分层材料用量。相似模拟实验材料配比及各分

层的材料用量如表 3-3 所示。

$$G = lbh\gamma_m \tag{3-4}$$

式中　G——模型分层材料总质量,kg;

　　　l——模型长度,m;

　　　b——模型宽度,m;

　　　h——模型分层厚度,m;

　　　γ_m——配比容重。

表 3-3　模型相似材料配比与材料用量

序号	岩性	主要配比 砂子∶碳酸钙∶石膏	体积 /cm³	材料总重 /kg	砂子 /kg	碳酸钙 /kg	石膏 /kg	水 /kg	备注
J13	黄土层	9∶0.8∶0.2	100.00	150.00	135.00	12.00	3.00	15.00	20
J12	砂砾层	9∶0.7∶0.3	50.00	77.50	69.75	5.43	2.33	7.75	10
J11	泥岩	8∶0.7∶0.3	25.00	40.00	35.56	3.11	1.33	4.00	5
J10	含砾粗砂	9∶0.7∶0.3	250.00	400.00	360.00	28.00	12.00	40.00	50
J9	泥岩	8∶0.6∶0.4	50.00	80.00	71.11	6.22	2.67	8.00	10
J8	砂质泥岩	6∶0.6∶0.4	50.00	82.36	70.71	7.07	4.57	8.24	10
J7	细砂岩	8∶0.6∶0.4	50.00	80.00	71.11	6.22	2.67	8.00	10
J6	21-1 煤	9∶0.7∶0.3	25.00	40.00	36.00	2.80	1.20	4.00	5
J5	中砂岩	7∶0.5∶0.5	40.00	64.00	56.00	4.00	4.00	6.40	8
J4	砂质泥岩	6∶0.5∶0.5	60.00	100.80	86.40	7.20	7.20	10.08	12
J3	泥岩	7∶0.5∶0.5	25.00	40.00	35.00	2.50	2.50	4.00	5
J2	23-2 煤	9∶0.7∶0.3	50.00	80.00	72.00	5.60	2.40	8.00	10
J1	粉砂岩	6∶0.3∶0.7	50.00	82.50	75.00	3.75	3.75	8.25	10

3.1.2　模型铺设与测点布置

　　相似模拟实验通常会受到模型材料和铺设过程压实程度等外界因素的影响,为保障实验效果和进行不同开采方案的对比,按照相似模拟参数同时构建两台模型分别开挖。实验使用刚性平面应变相似模拟试验台,模型架尺寸 2.5 m×2.0 m×0.2 m(长×高×宽)。由第 2 章岩石力学参数测试结果可知伊犁矿区煤系地层的力学强度普遍较低,且模型中拟开挖煤层厚度大,开挖过程中极易发生模型整体倾倒。因此,为减少模型开挖的不利扰动影响和控制开挖尺寸精度,采用预制标准尺寸木块填装模型作为拟开挖煤层,如图 3-2 所示。

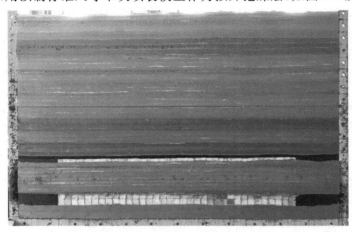

图 3-2　相似材料实验模型铺设过程

监测煤层开挖过程中各层位覆岩的变形和移动规律是开展模拟实验的重要目标,因此煤层开挖前分别在各类典型岩层中布置位移观测点。模型中的位移观测点按测线布置,每个测点之间间距 10 cm,自 23-2 煤层顶板由下向上共布置 7 条测线,编号 1～7 号测线。1～7 号测线与 23-2 煤层的垂直距离分别为 10 cm、20 cm、40 cm、50 cm、82.5 cm、112.5 cm、132.5 cm,见表 3-4。每条测线布置 24 个测点,自右向左分别编号 1～24,共计 168 个测点,如图 3-3 所示。

表 3-4　相似模型测线布置

编号	所处岩层	厚度/cm	测线编号	与 23-2 煤层距离/cm
J13	黄土层	20	7	132.5
J11	泥岩	5	6	112.5
J10	含砾粗砂	50	5	82.5
J9	泥岩	10	4	50
J8	砂质泥岩	10	3	40
J5	中砂岩	8	2	20
J4	砂质泥岩	12	1	10

矿山开采岩层移动规律的相似模拟实验位移监测通常使用全站仪或游标卡尺进行测量,普遍存在工作量大和工作效率低等问题,不便于大量位移监测

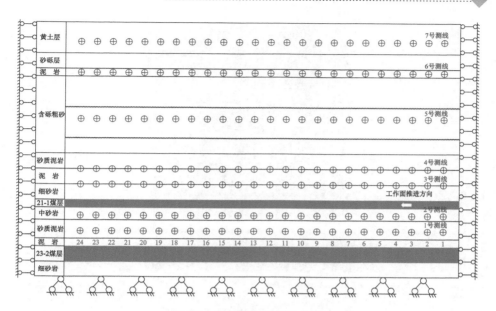

图 3-3 模型位移监测点布置

点的测量分析。为此本实验采用具有测点批量识别和位移自动分析功能的天远三维摄影测量系统进行测点的位移监测。该摄影测量系统主要通过非接触式的拍摄模型表面高分辨率数字图像,进行数字化处理自动识别标志点与编码点(位移监测点),然后利用系统软件进行坐标系转换,建立被测模型固定坐标系,输出位移监测点的坐标值。相似材料实验模型中的编码点(位移监测点)布置情况如图 3-4 所示,摄影测量系统如图 3-5 所示。

（a）一次采全高模型　　　　　　　（b）分层开采模型

图 3-4 相似材料对比模型测点布置

（a）天远三维摄影测量系统

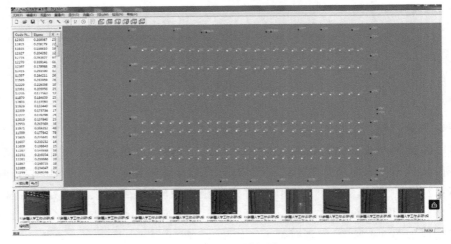

（b）DigiMetric测点识别

图 3-5　摄影测量系统

3.1.3　模型开挖方案

模型铺设完毕后，自然干燥 10 天进行模型开挖。模型开挖过程中，为防止人为扰动导致模型侧向倾倒，使用透明亚克力板对模型两侧面进行约束，并在左右边界各留设 30 cm（模拟实际 30 m）煤柱以消除边界效应影响。根据相似准则的时间相似条件，每间隔 72.0 min 进行一次煤层开挖，开挖步距 5.0 cm，相当于实际工作面每天推进 10.0 m。由于模拟开挖的 21-1 和 23-2 两个煤层厚度分别为 5.0 m 和 10.0 m，按照当前采煤工艺 21-1 煤层可选用一次采全高综采和综放开采，23-2 煤层可选用综放开采和分层综采。围绕本书的研究目标,为分析不同采高条件下,弱胶结地层移动特征及其对 G_1 隔水层变形规律的影响,确定两台模型分别模拟一次采全厚开采和分层综采,具体开挖方案见表 3-5。

表 3-5　相似实验模型开挖方案

开采方案	煤层序号	开采顺序	采高/m	开挖步距/m	推进距离/m
一次采全厚（模型 1）	21-1	下行开采	5.0	5.0	190.0
	23-2	下行开采	10.0	5.0	190.0
分层综采（模型 2）	21-1	下行开采	2.0	5.0	190.0
		下行开采	3.0	5.0	190.0
	23-2	下行开采	5.0	5.0	190.0
		下行开采	5.0	5.0	190.0

3.2　单层煤开采"隔-阻-基"协同变形运动规律

本节主要分析 21-1 煤层开采过程中上覆岩层的变形、破断和移动规律,对比分析一次采全厚开采和分层开采两种回采工艺条件下覆岩"下位基本顶"破断、"中位阻隔岩层"成组运动和"上位隔水层"变形运动规律。

3.2.1　基本顶破断特征

采煤工作面形成后,随着煤层开挖基本顶岩层悬露的空间逐渐加大,发生初次垮落。21-1 煤分别采用一次采全厚和分层开采时,煤层细砂岩基本顶底分层发生初次破断的形态如图 3-6 所示。由图可以看出,一次采全厚和分层开采两种方式的顶板初次破断步距基本相当,约为 35~37 m。从岩层破断的形态来看,一次采全厚时基本顶主要沿煤壁上方发生断裂,断裂后的基本顶形成铰接结构;而分层开采条件下基本顶断裂位置均发生于工作面尾部,上分层开采时基本顶的断裂形态类似假塑性梁结构,下分层开采时才形成明显断裂铰接结构。

煤层开挖过程中,采用摄影测量系统监测记录相似模型测点在各开挖时步的位移坐标。根据监测结果,计算得到 21-1 煤层基本顶发生初次破断时上覆岩层的变形特征,如图 3-7 所示。一次采全厚开采时,基本顶初次破断后上覆 3-5 号测线岩层虽然没有发生破断,但是产生了程度不同的弯曲变形[图 3-7

（a）一次采全高

（b）上分层开采

（c）下分层开采

图 3-6　21-1 煤层基本顶初次破断特征

(a)]；当 21-1 煤层采用分层开采时，上分层开采仅引起 3 号、4 号测线岩层产生较小变形[图 3-7(b)]；然而下分层开采时，由于开采对围岩造成了二次扰动，3号、4 号测线岩层在上分层累计变形量基础上，产生较为明显的弯曲下沉变形[图 3-7(c)]。

　　工作面基本顶初次破断后，继续按相似时间比进行煤层开挖。一次采全高、上分层开采、下分层开采分别在工作面推进 50 m、55 m 和 45 m 时 21-1 煤层基本顶底部分层发生第二次破断，如图 3-8 所示。一次采全厚条件下，在基本顶第二次破断时破断层位和范围进一步扩大到基本顶细砂岩的中部分层，煤壁上方基本顶的破断形态呈倒台阶状，上位基本顶断裂位置更加远离工作面煤壁，但是断裂块体长度明显增大。分层开采条件下，基本顶第二次断裂相比初次破断更为充分，但工作面上方的基本顶中部分层仍未见明显断裂痕迹，切眼位置上方出现明显断裂痕迹，断裂岩层与上方顶板出现明显离层。由于经历了

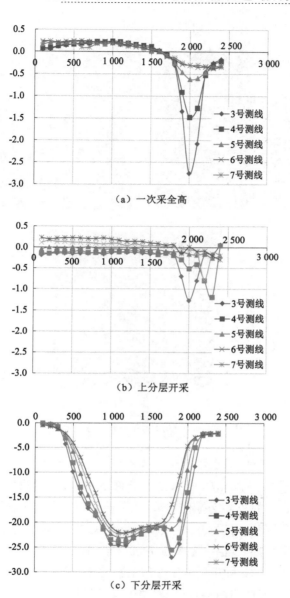

（a）一次采全高

（b）上分层开采

（c）下分层开采

图 3-7　21-1 煤层上覆岩层移动特征

一次采动影响,下分层开采时覆岩对开采扰动较为敏感,当工作面回采 45 m 时,基本顶上部分层和上覆泥岩、砂质泥岩均随基本顶中部分层的破断而断裂,并在古近系地层中形成离层,如图 3-8(c)所示。

（a）一次采全高

（b）上分层开采

（c）下分层开采

图 3-8　21-1 煤层基本顶第二次破断特征

　　基本顶第二次破断后上覆岩层下沉和变形进一步加大,21-1 煤层上覆岩层的位移情况如图 3-9 所示。一次采全厚条件下,砂岩基本顶中部分层的破断下沉为上部分层提供的边界支撑作用减少,3 号～5 号监测线岩层弯曲下沉量显著增加,其中 3 号测线岩层挠度达到 4.6 mm,见图 3-9(a);分层开采条件下,上分层开采时上覆岩层产生一定弯曲下沉变形,最大挠度约 3.2 mm,见图 3-9(b);下分层开采时,基本顶上部分层和上覆泥岩、砂质泥岩层(3～4 号测线岩层)均随基本顶破断同步断裂,最大岩层下沉量超过 40 mm,见图 3-9(c)。

　　一次采全高、上分层开采、下分层开采分别在工作面推进 60 m、65 m 和 55 m时 21-1 煤层基本顶底部分层发生第三次破断,如图 3-10 所示。一次采全厚条件下,基本顶破断位置大致位于煤壁正上方,呈"V"形断裂形态;上覆泥岩和砂质泥岩随基本顶上部分层同步发生破断,覆岩破断高度达到 30 cm。分层

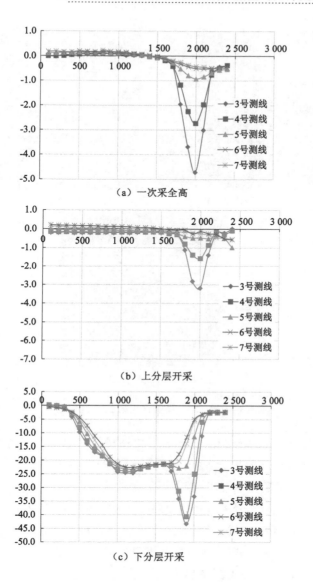

（a）一次采全高

（b）上分层开采

（c）下分层开采

图 3-9　21-1 煤层基本顶第二次破断覆岩移动特征

开采条件下,仅基本顶底部分层发生明显断裂,上覆岩层并未产生明显断裂痕迹,总体与基本顶的初次和第二次破断较为类似。下分层开采时,虽然工作面上方未产生明显的裂痕和裂隙,但是在切眼位置上方的垂直裂隙发育高度进一步增加,发育至新近系泥岩隔水层底部。

（a）一次采全高

（b）上分层开采

（c）下分层开采

图 3-10　21-1 煤层顶板第三次破断特征

　　基本顶发生第三次破断后上覆岩层位移特征如图 3-11 所示，根据测线的位移可见随着开采空间的扩大，受开采扰动岩层的范围进一步扩大。一次采全高时，3～4 号测线变形基本同步，最大下沉量约为 48.0 mm，5 号测线开始出现轻微下沉变形。分层开采条件下，上分层开采时 3～4 号测线变形量亦进一步增大，但变形并不同步，3 号测线 6 号测点位置出现最大下沉量约为 6.5 mm。下分层开采时，3～4 号测线岩层最大下沉量不再增加，但下沉范围进一步扩大。同时，5 号测线出现明显下沉变形。

　　总体来看，随着工作面推进弱胶结煤系地层基本顶的破断具有一定周期性，基本顶初次破断步距约 35.0 m，周期破断步距约 10～15 m。虽然基本顶的破断步距受煤层开采高度的影响较小，但由于弱胶结岩层力学性质的特殊性，基本顶及上覆岩层断裂形态和变形特征则受煤层采高影响明显。同时，对比一次采全厚和分层开采时上覆岩层的变形特征，可以看出开采扰动对弱胶结地层

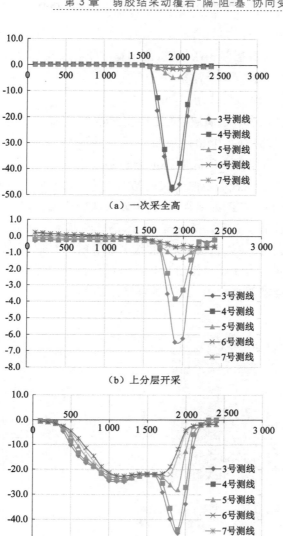

（a）一次采全高

（b）上分层开采

（c）下分层开采

图 3-11　21-1 煤层顶板第三次破断覆岩移动特征

的断裂形态和裂隙发育影响亦较为明显，采动覆岩具有成组运动的特征。

3.2.2　阻隔岩层成组运动规律

煤系地层为沉积岩层，具有典型的层序结构特征。由于各岩层岩性的差异，且厚度不等、强度不同，煤层开挖以后覆岩将发生由下向上的渐进破坏，煤层上覆岩层破断和下沉亦具有成组运动的特点。本部分侧重分析 21-1 煤分别采用一次采全厚和分层开采条件下,位于基本顶与上位隔水层之间的阻隔岩层随工作面推进的成组运动规律。

（1）一次采全厚覆岩成组运动规律

一次采全高相似材料模型（模型 1）开挖时,随着 21-1 煤层工作面推进过程中基本顶的周期性破断,上覆阻隔岩层呈现的成组运动特征和位移情况如图 3-12 所示。结合前述基本顶破断特征分析,对比图 3-12（a）、（b）可见工作面推进 60 m 时,21-1 煤层覆岩阻隔岩层随基本顶第三次破断产生首次成组运动,基本顶上方 20 m 高度范围的阻隔岩层（中砂岩和砂质泥岩）与基本顶同步发生破断和下沉。随着工作面继续推进至 65 m,已破断基本顶块体为适应采场空间变化而发生旋转、下沉等位态调整,该过程中基本顶上方 40 m 高度范围的阻隔岩层发生第二次成组运动。对比图 3-12（b）、（c）,根据位移测量结果,可见在阻隔岩层首次成组运动的基础上,已破断岩层范围不再变化,但在垂直方向上的破断范围增加。

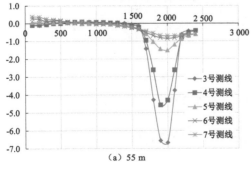

(a) 55 m

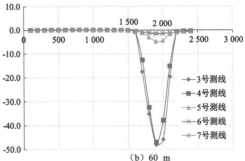

(b) 60 m

图 3-12　21-1 煤层全厚开采覆岩首次成组运动特征

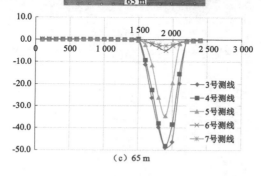

(c) 65 m

图 3-12　（续）

　　阻隔岩层破坏范围发育至古近系地层中部,在切眼前上方、工作面后上方和距切眼约 28 m 处产生连续但未贯通的垂直裂隙,原有离层裂隙闭合并在距离煤层底板 55 m 处产生新的离层裂隙空间,5 号测线 5～7 测点出现较为明显但程度不同的弯曲下沉变形。

　　工作面推进距离达到 70 m、80 m 时,21-1 煤层基本顶发生周期性破断,阻隔岩层破坏范围进一步增加,如图 3-13(a)、(b)所示。工作面推进 70 m 时,破坏带高度为距离煤层底板 75 m;工作面推进 80 m 时,破坏带高度达到 85 m,此时采动裂隙已波及上位隔水层,并在隔水层分层间形成离层裂隙,6 号、7 号测线测点的最大垂直位移约 30 mm、15 mm,为采高的 60% 和 30%。

　　工作面继续回采至 85 m 时,工作面后上方形成间续的采动裂隙,隔水层在切眼前上方和距切眼约 35 m 处发生断裂,采动裂隙迅速穿过上位隔水层,如图 3-13(c)所示。根据 7 号测线位移监测结果,可见此时地表已发生下沉,但是由于地表黄土层可适应较大塑性变形,故在表土层中未出现明显裂隙。

　　21-1 煤层一次采全高开采引起的岩层移动和变形发展到地表以后,随工作面持续推进引起的覆岩变形移动特征如图 3-13(d)～(f)所示。对比工作面推

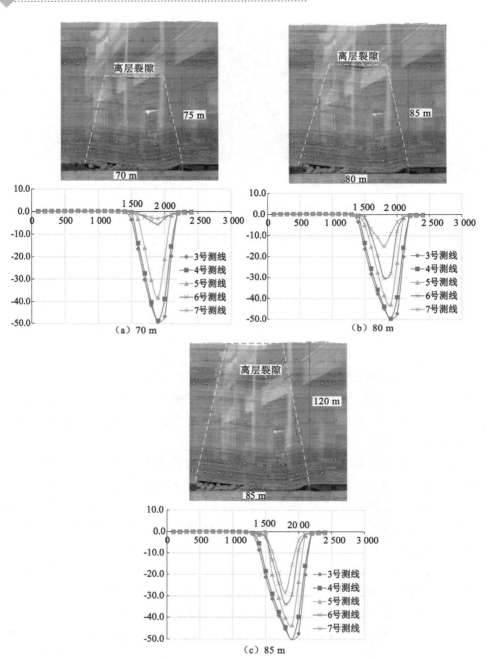

图 3-13 21-1 煤层全厚开采覆岩成组运动特征

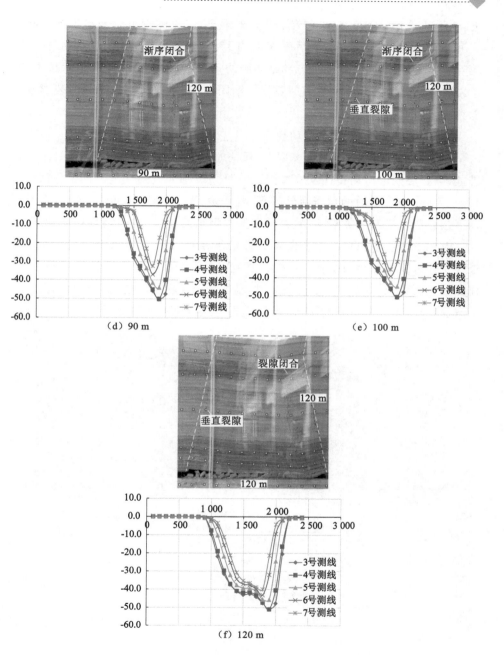

图 3-13（续）

进 90 m、100 m、120 m 时采动岩层移动的形态,可见随着下位基本顶的破断和下沉,上覆弱胶结岩层一般滞后工作面约 10 m 发生破断,形成整体成组移动。随着工作面的推进,切眼前上方和距切眼约 35 m 处的垂直裂隙基本保持不变,各岩层之间的水平裂隙和垂直裂隙均逐渐闭合,工作面后上方覆岩断裂形成的垂直裂隙逐渐闭合。

(2)分层开采覆岩成组运动规律

分层开采相似材料模型(模型 2)开挖时,随着 21-1 煤层上分层工作面推进,阻隔岩层变形运动特征及位移情况如图 3-14 所示。对比上分层工作面回采45 m、75 m、105 m 时的覆岩活动特征,随上分层回采工作空间的增大,仅基本顶下位分层发生明显破断,阻隔岩层和上位隔水层总体以连续弯曲下沉变形为主。对比上分层各回采阶段岩层移动的监测结果,虽然基本顶上覆岩层在采动过程中并未发生明显破断,但阻隔岩层的变形下沉仍具有成组运动的特点。工作面推进距离由 45 m 增加到 75 m 时,基本顶上覆泥岩与砂质泥岩基本同步发生弯曲变形,最大下沉量约 13～14 mm,古近系含砾粗砂岩滞后变形,最大下沉

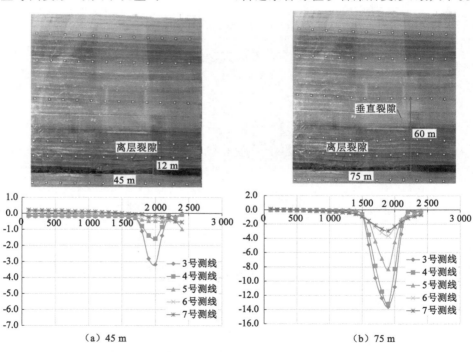

图 3-14　21-1 煤层上分层开采覆岩首次成组运动特征

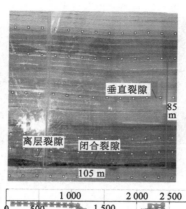

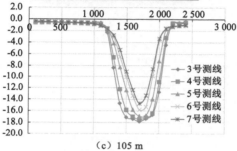

(c) 105 m

图 3-14 （续）

量约 8.5 mm；切眼上方产生细微垂直裂隙，发育高度距 21-1 煤层底板约 60 m。当工作面推进距离达到 105 m 时，基本顶上部岩层和表土层均发生弯曲下沉。随着工作面推进，采空区覆岩水平裂隙逐渐压实，阻隔岩层的最大下沉量分别达到 16～18 mm，切眼上方的细微垂直裂隙进一步向上传递，发育高度距21-1煤层底板约 85 m，位于上位隔水层底部。

21-1 煤层上分层工作面回采结束后，经过 12 h 覆岩稳定期，开始下分层工作面回采，阻隔岩层变形运动特征及位移情况如图 3-15 所示。下分层工作面推进 40 m 时，3 号、4 号测线所在的泥岩层与砂质泥岩层随基本顶破断后位态调整而开始出现弯曲下沉变形。工作面推进 45 m 时，随基本顶的周期性破断，阻隔岩层的变形范围进一步扩大，垂直裂隙和水平离层裂隙发育至古近系含砾粗砂岩中部。当工作面推进 65 m，阻隔岩层中泥岩与砂质泥岩再次成组移动，最大下沉量达到 48 mm；切眼上方发育的垂直裂隙穿过泥岩隔水层进入表土层，距切眼 28 m 位置产生的垂直裂隙发育至隔水层底部；古近系含砾粗砂岩前期形成的水平裂隙逐渐闭合的同时，其中上部有新的水平离层裂隙发育。

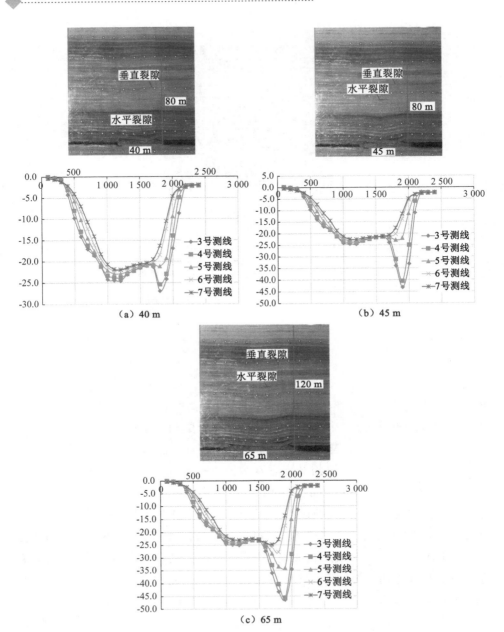

图 3-15 21-1 煤层下分层开采覆岩成组运动特征

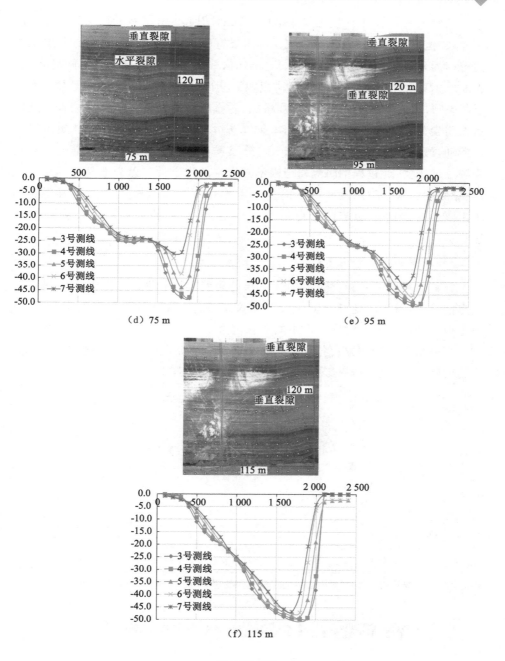

（d）75 m

（e）95 m

（f）115 m

图 3-15（续）

虽然21-1煤层下分层工作面推进65 m时引起的开采扰动已由下向上传递至地表,但目标隔水层及上覆表土层并未发育明显裂隙。21-1煤层下分层工作面继续回采至距切眼75 m、95 m、115 m时,采空区上覆岩层逐渐沉降稳定,已破断基本顶和阻隔岩层下部的采动裂隙逐渐闭合。切眼附近上部覆岩中因岩层断裂形成的两条垂直裂隙则开度增加,垂直裂隙穿过目标隔水层进入表土段后发生尖灭。随着采动覆岩的沉降稳定,基本顶砂岩与上部泥岩、砂质泥岩同步运动,最大下沉量约4.8~5.0 m,与分层累计采高较接近。近采空区岩层间裂隙逐渐压实,此过程中阻隔岩层因不同岩性的力学性质差异而具有不均匀变形,导致覆岩采动裂隙具有由下向上传递的特征。总体来看,下分层开采过程中阻隔岩层成组运动范围上分层开采时更大,形成的采动裂隙发育亦更加明显。

3.2.3　覆岩隔水层变形特征

相似材料模型实验反演了21-1煤层开采引起的上覆岩层移动过程,随着开采空间扩大,覆岩的变形和破坏由下位基本顶向上发展到中位阻隔层,然后波及上位目标隔水层。对比分析相似实验模型中21-1煤层分别采用一次采全高和分层开采两种开挖方式各阶段的隔水层变形特征,上位隔水层变形具有动态变化的特点,通过高清摄影提取隔水层典型位态如图3-16、图3-17所示。

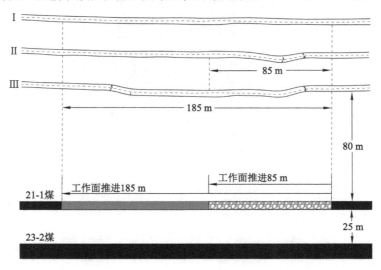

图 3-16　21-1煤层全厚开采隔水层变形

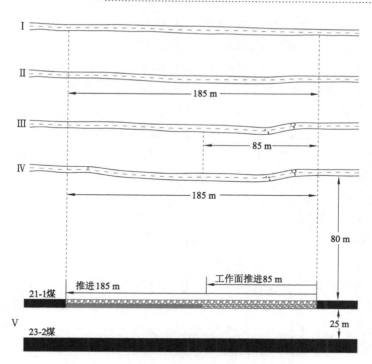

图 3-17 21-1 煤层分层开采隔水层变形

21-1 煤层采用一次采全高时,工作面由初始状态(位态Ⅰ)推进 85 m,隔水层首次出现采动裂隙(位态Ⅱ),裂隙发育位置与切眼水平距离约 65 m。随着工作面继续推进,隔水层中总体呈现已有裂隙闭合-新裂隙发育-再闭合的采动裂隙演替规律。工作面推进到停采线附近,采动覆岩逐渐沉降稳定,隔水层不再有新裂隙发育(位态Ⅲ),除切眼和停采线附近为适应破断岩块回转而发育的隔水层裂隙外,其余采动裂隙均已发生闭合。

21-1 煤层采用分层开采,隔水层的变形特征位态如图 3-17 所示。对比上分层开采前后隔水层的位态特征(位态Ⅰ、Ⅱ),可以看出上分层扰动下隔水层以弯曲下沉变形为主,并未出现明显的采动裂隙。21-1 煤层上分层开采沉降稳定后进行下分层开采,当工作面推进 65 m 时,隔水层首次出现细微的采动裂隙(位态Ⅲ)。工作面继续推进已有的细微裂隙逐渐张开,工作面推进 85 m 时(位态Ⅳ)隔水层裂隙达到最大开度,但并未贯穿隔水层,此后隔水层裂隙逐渐减小。到 21-1 煤层下分层工作面回采结束时,隔水层(位态Ⅴ)除切眼和停采线附近存在少量未贯通裂隙外,其余采动裂隙均已发生闭合。

为进一步分析 21-1 煤层开采引起的覆岩上位隔水层变形特征,将一次采全高和分层综采过程中目标隔水层(6 号测线)的位移变化绘入直角坐标系,得到隔水层位移随工作面推进的变化曲线如图 3-18 所示。

结合前文分析,对比图 3-18(a)、(b)工作面回采初期主要引起基本顶破断和阻隔层运动,当工作面推进 80 m 时隔水层产生较明显的下沉变形。由于采高差异,一次采全高和上分层开采引起的隔水层首次变形的最大下沉量分别为3.2 m 和 0.5 m,分别位于工作面后方 40 m 和 50 m。随着工作面继续推进至85 m 时,隔水层首次出现采动裂隙,隔水层变形范围和下沉变形量均进一步增加;一次采全高工作面推进 120 m 和上分层工作面推进 160 m 隔水层下沉变形量达到最大值分别为 4.5 m、2.0 m,下沉系数分别为 0.90、0.84。工作面推进至停采线附近时,一次采全高和上分层开采引起隔水层产生最大下沉变形的位置分别位于工作面后方 90 m 和 80 m。

上分层工作面回采完毕,经历覆岩稳定期后进行下分层工作面回采。对比图 3-18(b)、(c)下分层工作面推进 65 m 时,上位隔水层发生明显下沉变形,最大下沉变形点位于工作面后方约 25 m 处。随着下分层工作面继续推进,上位隔水层的下沉变形量进一步增大,当工作面推进 145 m 时,隔水层下沉变形量达到最大值约 4.6 m,位于工作面后方 45 m 处,隔水层下沉系数 0.92。由此可见,经历一次开采扰动影响后,隔水层变形对下分层工作面开采扰动的响应更为敏感。此外,结合图 3-18(a)还可以看出 21-1 煤层采用分层开采时,上位隔水层在上分层开采时的变形响应较一次采全高缓慢,但下分层开采时的响应敏感程度和变形程度均更加充分。

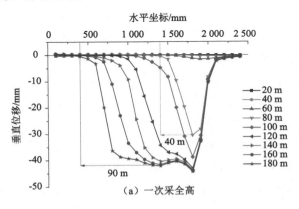

(a) 一次采全高

图 3-18 21-1 煤层开采引起的隔水层位移变化

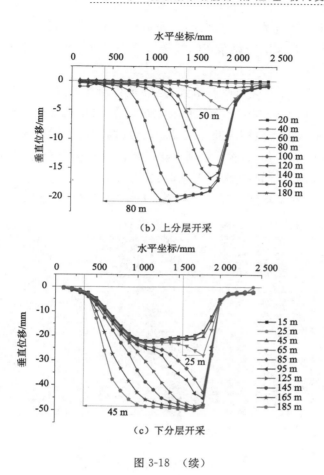

（b）上分层开采

（c）下分层开采

图 3-18　（续）

3.3　煤层组开采"隔-阻-基"协同变形运动规律

　　针对研究区地层结构和主采煤层分布的空间特点,本节基于已有相似实验模型,重点分析 21-1 煤层采空区沉降稳定后对其下位 23-2 煤层开采过程中基本顶的破断特征、采动裂隙在煤层间岩层及上覆破坏岩层中的发育和传递规律。

3.3.1　下位煤层基本顶破断特征

　　23-2 煤层平均厚度 10.0 m,与上部 21-1 煤层间距 25.0 m,由下向上分别为砂岩、砂质泥岩和泥岩。21-1 煤层工作面回采完毕,经过 12 h 覆岩稳定期后,开始 23-2 煤层回采。分别采用综放全厚开采和分层综采过程中,基本顶发生初次破断的特征如图 3-19 所示。

随着 23-2 煤层开采空间逐渐增大,煤层顶板渐序破断和垮落。由图 3-19(a)、(b)所示,一次采全高和上分层开采均在工作面推进距离达到 40 m 时,砂岩顶板均发生首次较大范围破断和垮落,顶板垮断高度分别为 8 m、6 m。由于 23-2 煤层厚度为 10.0 m,一次采全高初次破断的基本顶完全垮落,并在垮落岩层上部形成较大离层空间;上分层开采时的综采厚度为 5.0 m,初次破断的基本顶并未完全垮落,在采空区中部触矸后形成稳定的铰接岩层结构。

（a）一次采全高　　　　　　（b）上分层开采　　　　　　（c）下分层开采

图 3-19　23-2 煤层基本顶初次破断特征

23-2 煤层上分层开采引起的覆岩运动稳定后进行下分层开采。对比图 3-19(b)、(c),上分层开采过程层间顶板已经历了一次破断和垮落,下分层工作面回采时基本顶岩层首先沿已闭合上分层破断裂隙断开,然后在悬露的岩层中产生二次破断。由于地层岩石力学强度总体较低且经历了上分层开采扰动的影响,下分层工作面推进 20.0 m 时,其顶板就出现初次垮断,初次垮断高度约12.0 m,如图 3-19(c)。

23-2 煤层基本顶发生初次破断后,随着开采空间再次增大,顶板岩层将再次发生破断。根据图 3-20,由于工作面开采方式和采高的不同,基本顶第二次破断的形式和扰动岩层范围亦有所不同。一次采全高和上分层开采工作面在自切眼推进 50 m 时,基本顶岩层发生二次破断。一次采全高工作面引起的基本顶第二次破断以垮落为主,垮落高度约 11 m,其上方形成较大离层空间,开采扰动未波及 21-1 煤层上覆岩层。上分层开采工作面时,基本顶第二次破断引起的开采扰动已传递到 21-1 煤层上覆岩层,覆岩运动以整体下沉为主,下沉岩层高度约 80 m,并在古近系岩层中形成离层裂隙。

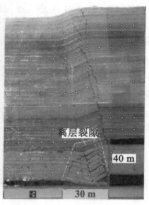

(a) 一次采全高　　　　(b) 上分层开采　　　　(c) 下分层开采

图 3-20　23-2 煤层基本顶第二次破断特征

23-2 煤层下分层工作面推进至 30 m 时,基本顶岩层发生二次破断,扰动岩层高度约 30 m,已波及 21-1 煤层基本顶。第二次破断的基本顶岩层发生旋转下沉,切眼位置基本顶岩层破断裂隙逐渐增大,工作面上方基本顶岩层初次破断裂痕则逐渐闭合,在 2 号测线上方形成离层裂隙。

23-2 煤层工作面继续推进,基本顶岩层将发生第三次破断,此时一次采全高和上分层工作面推进距离均为 60 m、下分层工作面推进距离为 40 m,如图 3-21所示。一次采全高工作面基本顶发生第三次破断时,岩层移动范围较前两次破断显著扩大,扰动岩层高度达到 80 m,在古近系岩层中形成明显离层空间,除采空区两侧边界裂隙外,下部岩层裂隙逐渐被压实闭合。上分层工作面基本顶发生第三次破断后,扰动岩层范围高度达到 115 m,以覆岩整体运动为主;采动覆岩水平裂隙逐渐闭合,垂直裂隙向上发育穿过上位目标隔水层。

23-2 煤层下分层工作面基本顶岩层发生第三次破断时,扰动岩层高度迅速增加到 115 m,上位目标隔水层中产生水平离层裂隙。随基本顶岩层的旋转下沉,在上覆岩层松散岩体载荷作用下,基本顶及层间岩层裂隙逐渐闭合,但切眼位置基本顶及上覆岩层破断裂隙则进一步增大。由于上覆岩层作用的载荷较小,上位目标隔水层及古近系岩层中垂直裂隙和水平裂隙均十分发育。

（a）一次采全高　　　　（b）上分层开采　　　　（c）下分层开采

图 3-21　　23-2 煤层基本顶第三次破断特征

3.3.2　重复采动下阻隔岩层运动规律

由于 21-1、23-2 煤层平均厚度分别 5.0 m 和 10.0 m,且煤层间距较小,煤层组开采引起的扰动相互影响十分显著。若两个煤层均采用一次采全高工艺,则上覆岩将经历 2 次开采扰动;若均采用分层开采工艺,则上覆岩层将经历 4 次开采扰动。在典型地质条件的下行开采过程中,23-2 煤层上覆岩层为经历 1～2 次采动破断移动的岩层,因此阻隔岩层运动规律亦将有别于单煤层采动时的覆岩活动规律。根据相似材料模型实验结果,前文已对 23-2 煤层开采引起的基本顶破断特征进行分析,当基本顶岩层发生初次破断后随着开采空间的增加,采动岩层移动范围逐渐扩大。

（1）一次采全厚覆岩成组运动规律

采用一次采全厚工艺时,随着 23-2 煤层工作面回采空间逐渐扩大,煤层组间岩层渐序破断垮落,岩层移动范围由下向上扩展至 21-1 煤层采空区覆岩。23-2 煤层工作面推进 50 m 时基本顶发生第二次破断,开采引起的覆岩运动仅限于 21-1 与 23-2 煤层之间岩层[图 3-22(a)]。当 23-2 煤层工作面推进距离达到 60 m,覆岩断裂和移动范围迅速发展到 21-1 煤层采空区顶板,阻隔岩层成组破断高度达到 64 m。21-1 煤层采空区已破断覆岩在适应 23-2 煤层开采空间变化过程中发生二次破断,随破断的层间岩层一起旋转下沉,切眼上方已有采动裂隙再次扩张发育,裂隙开度大幅增加[图 3-22(b)]。

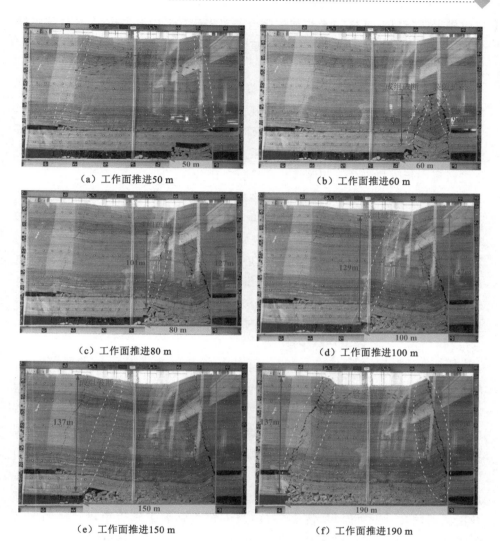

（a）工作面推进 50 m

（b）工作面推进 60 m

（c）工作面推进 80 m

（d）工作面推进 100 m

（e）工作面推进 150 m

（f）工作面推进 190 m

图 3-22　23-2 煤全高开采阻隔岩层移动特征

　　工作面推过以后,远离工作面的采空区垮落岩石逐渐压实,采空区上覆岩层的变形和下沉剧烈程度降低,前期形成的成组破断裂隙逐渐闭合。工作面推进 150 m 时,阻隔岩层成组破断线贯穿至地表,成组运动岩层总厚度达到 137 m [图 3-22(e)]。此后随工作面推进,基本顶岩层的每次旋转下沉均会引起阻隔岩层的成组运动。当 23-2 煤层工作面推进至 21-1 煤层停采线附近时,阻隔岩层的成组破断裂隙将与 21-1 煤层未闭合的覆岩裂隙形成叠加作用,导致停采线附近的裂隙发育范围和裂隙开度均大幅增加[图 3-22(f)]。

（2）分层开采覆岩成组运动规律

前文分析了 21-1 煤层分层开采时覆岩运动特征,为进一步研究下位煤层重复开采扰动下弱胶结阻隔岩层的运动规律,对分层开采相似实验模型（模型 2）中 23-2 煤层进行分层开挖。根据前文研究,弱胶结煤系地层分层开采引起的覆岩移动和变形剧烈程度明显低于一次采全高开采,将 23-2 煤层上下分层工作面推进过程中覆岩典型位态与测线位移进行对比分析。

23-2 上分层工作面回采过程,各典型阶段覆岩位态和测线位移情况如图 3-23 所示。上分层工作面推进 40 m、50 m 时,基本顶分别发生首次、第二次破断,基本顶初次破断时测线 1、2 出现轻微弯曲变形。伴随基本顶第二次破断,阻隔岩层发生首次成组破断并向采空区中部旋转下沉,阻隔岩层成组破断高度约 73 m[图 3-23(a)～(b)]。当工作面继续推进至 60 m 时,随基本顶的周期性破断,21-1、23-2 煤层间岩层同步破断,破断高度约 23 m;随着采动覆岩的变形和沉降,阻隔岩层首次成组断裂裂隙趋于闭合,切眼附近岩层裂隙则继续发育,高度达到 108 m,贯穿上位隔水层。

当上分层工作面推进达到 70 m 时,伴随基本顶周期破断,阻隔岩层亦再次发生成组破断,同步断裂岩层高度约 103 m,断裂线迅速发展至上位隔水层底部[图 3-23(d)]。随着采动覆岩的变形和沉降,上位隔水层产生明显的弯曲下沉变形,阻隔岩层第二次成组破断裂隙逐渐压实闭合,切眼附近岩层裂隙则继续扩张,贯穿含水层进入表土段底部。结合图 3-23(a)～(d),对比阻隔岩层成组断裂和移动特征可以看出,23-2 煤层上分层开采引起的阻隔岩层成组破断步距为基本顶周期断裂步距 2 倍,即阻隔岩层成组破断与基本顶偶数次破断同步。此外,对比图 3-23(b)、(d)可见随着阻隔岩层成组破断次数的增加,阻隔岩层成组破断厚度逐渐增加,破断裂隙开度逐渐减小。当工作面推进 130 m 时,阻隔岩层不再出现明显破断与上位隔水层、含水层及表土段呈整体变形移动,整体移动带高度约 138 m[图 3-23(e)]。随着工作面继续推进至停采线附近,阻隔岩层的整体移动引起上位 21-1 煤层终采裂隙二次发育,并形成永久裂隙。当工作面推进 180 m 至停采线时,采动覆岩逐渐沉降稳定,除切眼和停采线附近一定范围覆岩裂隙以外,其余采动裂隙基本闭合[图 3-23(f)]。

23-2 煤层上分层工作面采动稳定后进行下分层工作面的回采,下分层回采

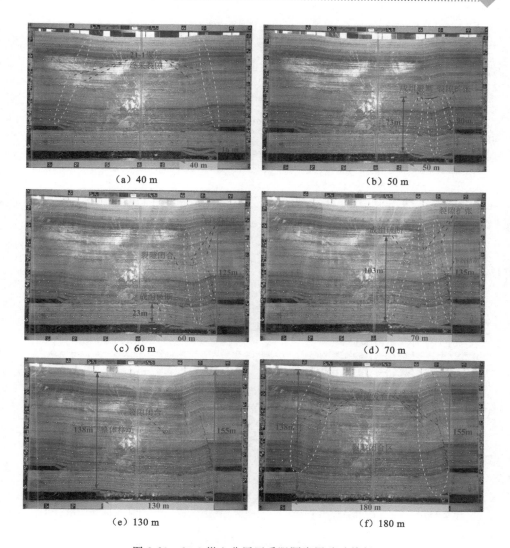

图 3-23　23-2 煤上分层开采阻隔岩层移动特征

过程覆岩变形的典型位态如图 3-24 所示。由于 23-2 煤层覆岩先后经历了 21-1 煤层上、下分层和 23-2 煤层上分层三次开采扰动引起的岩层变形、破断和移动，覆岩整体损伤程度较高。下分层工作面推进 30 m、40 m 时，基本顶分别发生首次、第二次破断，阻隔岩层成组破断高度分别为 16 m 和 50 m。随着 23-2 煤层下分层开采的基本顶第二次破断，21-1 煤层基本顶在原有破断块体的基础上再次破断并向采空区中部旋转下沉，已破断的阻隔岩层在切眼上部形成明显的竖

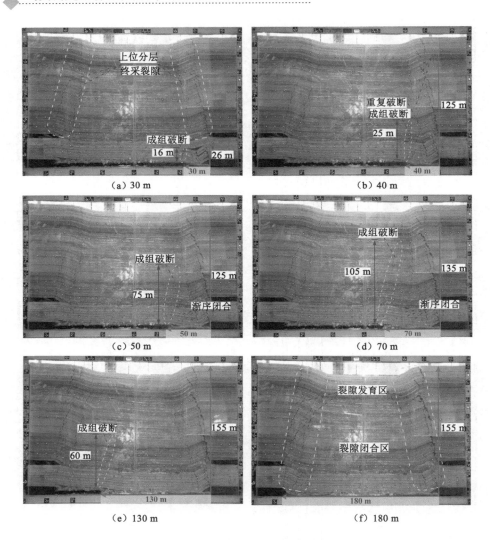

图 3-24　23-2 煤下分层开采阻隔岩层移动特征

向滑移错动[图 3-24(a)～(b)]。

　　工作面继续推进至 50 m 时,随基本顶的周期性破断,上覆阻隔岩层同步发生第三次成组破断,破断高度约 75 m。随着采动覆岩沉降稳定,阻隔岩层前期产生的成组破断裂隙趋于闭合,切眼附近上覆岩层破碎岩层逐渐压实,阻隔岩层整体下沉,在上位隔水层中产生水平离层裂隙[图 3-24(c)]。当工作面继续推进至 70 m 时,阻隔岩层沿 23-2 煤层上分层开采时产生的成组破断线再次断开,破断岩层高度约 105 m。采空区上覆岩层在自重载荷下挤压密实,隔水层产生明显下沉,隔水层间离层裂隙亦逐渐闭合[图 3-24(d)]。

工作面继续推进至 130 m 时,仅在下位阻隔岩层中产生细微的成组破断裂隙,上位阻隔岩层运动形式为整体下沉[图 3-24(e)]。当工作面推进 180 m 至停采线附近时阻隔岩层的变形运动规律与 23-2 煤层上分层工作面回采时类似,但裂隙发育区的范围较上分层开采时明显增加[图 3-24(f)]。

3.3.3　重复采动下隔水层变形特征

隔水层在各开采阶段的变形特征与隔水稳定性密切相关,是保水开采研究需要重点关注的问题。由于 23-2 煤层位于 21-1 煤层下方,煤层组下行开采过程中,隔水层首先经历了 21-1 煤层开采扰动引起变形和移动,因此 23-2 煤层开采导致的隔水层变形是在前期采动变形的基础上进一步发展的。相似实验模型中分别采用一次采全高和分层开采方法对 23-2 煤层进行开挖,结果表明各开挖步距时上位隔水层变形具有动态变化的特点。通过高清摄影提取隔水层的典型位态如图 3-25、图 3-26 所示,并将上述开挖过程各阶段目标隔水层(6 号测线)的位移测量结果绘入直角坐标系,得到隔水层位移随工作面推进的变化曲线(图 3-27)。

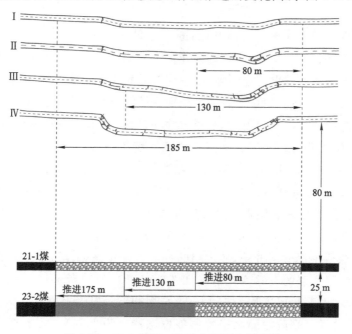

图 3-25　23-2 煤层一次采全高隔水层变形

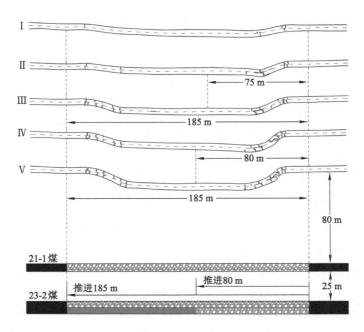

图 3-26　23-2 煤层分层开采隔水层变形位态

　　23-2 煤层采用一次采全高开挖,隔水层最初处于 21-1 煤层回采沉降稳定的初始状态(位态Ⅰ,图 3-25)。当工作面由切眼推进 60 m 时,23-2 煤层开采引起的上覆岩层移动首次传递到隔水层,在初始状态基础上隔水层开始出现轻微的弯曲下沉变形[图 3-27(a)]。当工作面继续推进至 80 m 时,工作面后方与切眼水平距离约 40 m 位置的隔水层下部发生断裂,隔水层中水平裂隙、垂直裂隙迅速扩展(位态Ⅱ,图 3-25)。随着工作面继续推进,隔水层中总体呈现已有裂隙闭合-新裂隙发育-再闭合的采动裂隙演替规律(位态Ⅲ,图 3-25)。工作面推进到停采线附近,工作面后方 85 m 以外区域采动覆岩逐渐沉降稳定[图 3-27(a)]。除切眼和停采线附近为适应破断岩块回转而发育的隔水层裂隙外,其余采动裂隙均已发生闭合,隔水层不再有新裂隙发育(位态Ⅳ,图 3-25)。

　　23-2 煤层采用分层开采,隔水层的变形特征位态如图 3-26 所示,上下分层开采过程中隔水层的位移变化情况如图 3-27(b)~(c)所示。23-2 煤层分层开采,上下分层的开采厚度均为 5.0 m,上分层开采阶段隔水层的典型位态特征为Ⅰ~Ⅲ,下分层开采阶段隔水层的典型位态特征为Ⅲ~Ⅴ,其中Ⅲ为上分层回采完毕覆岩沉降稳定时隔水层位态。

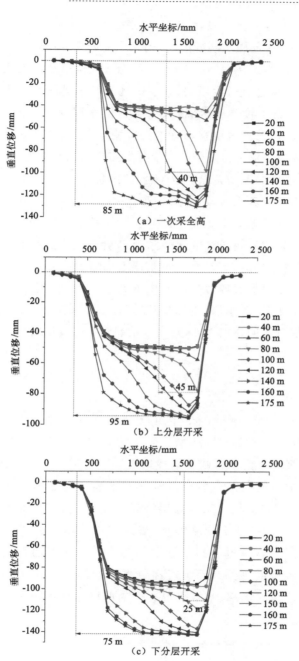

图 3-27　23-2 煤层开采引起的隔水层位移变化

23-2 煤层上分层开采阶段,由图 3-26、图 3-27(b)可见上分层工作面回采初期的开采扰动并未引起隔水层变形,直到工作面回采 60 m,隔水层开始出现轻微弯曲下沉变形。当工作面推进 75 m~80 m 时(位态 Ⅱ),切眼上部隔水层在距离工作面约 45 m 位置发生断裂,断裂区域的变形量随着工作面开采空间的扩大继续增加,裂隙开度亦逐渐增大形成贯穿隔水层的导水通道。随着上分层工作面的继续推进,上覆岩层移动逐渐沉降稳定,工作面推进距离达到 140 m 时切眼上部隔水层变形不再增加。当上分层工作回采结束时,除切眼和停采线附近位置,隔水层中的采动裂隙基本闭合(位态 Ⅲ)。

23-2 煤层下分层开采阶段,由图 3-26、图 3-27(c)可见经历上分层采动之后开采扰动可以迅速传递,引起隔水层变形。当下分层工作面推进 60 m(位态 Ⅳ),隔水层即发生明显变形破断,最大变形位置与工作面水平距离仅 25 m。此外,当工作面推进距离达 100~120 m,切眼上部隔水层变形量就达到最大值,随工作面推进隔水层变形表现为裂隙张开和闭合的重复过程。到 23-2 煤层下分层工作面回采结束时,隔水层(位态 Ⅴ)除切眼和停采线附近完全断开的贯通裂隙范围较上分层开采明显增大外,其余采动裂隙均已发生闭合。

3.4　隔水层采动变形指标分析

在煤层开采扰动影响下,采空区上方将形成一个比采空区面积更大的沉降变形区域,当采空区面积继续增大到一定程度时,覆岩的沉降变形发展到地表引起地表沉陷。为了判断和描述地表沉陷区域的范围和变形程度,煤矿地表沉陷研究中发展出了一些角量参数和地表移动变形参数。前文 3.2 和 3.3 节已经分析了单煤层开采与煤层组开采过程中一次采全厚开采和分层开采两种工艺回采时覆岩"下位基本顶"破断、"中位阻隔岩层"成组运动和"上位隔水层"协同变形规律,得到了隔水层在不同情况下的下沉变形特征和裂隙发育情况。本节主要针对隔水层在单煤层和煤层组这两种采动情况下的变形特点,引入倾斜、曲率、水平变形 3 个变形指标分析隔水层随煤层开采的变形演化规律。

3.4.1　单煤层开采隔水层变形分析

隔水层在煤层开采扰动引起的下沉变形过程中,各点既向下运动,又朝向下沉盆地中央做水平移动。下沉盆地边界点和采空区中点的水平移动为零,极值出现在边界点和采空区中点之间。通过垂直变形和水平变形,可以获得岩层的倾斜变化指标,水平移动变形指标与倾斜变形指标的变化趋势同步。曲率为地表单位长度内倾斜的变化,反映了岩层的变形形状。正曲率的物理意义是地表下沉曲线在地面方向凸起或在煤层方向下凹;负曲率的物理意义是地表下沉曲线在地面方向下凹或在煤层方向凸起。水平变形为单位长度上水平移动的变化,水平变形正值的物理意义为岩层受拉伸变形;负值的物理意义为岩层受压缩变形。相似模拟实验过程中采用具有测点批量识别和位移自动分析功能的天远三维摄影测量系统,利用系统测定的隔水层垂直和水平移动变形情况,可以计算出倾斜、曲率、水平变形等变形指标随煤层开挖步距的渐序变化。

(1) 21-1 煤层开采隔水层倾斜变形指标

21-1 煤层开采引起的隔水层倾斜变形指标随工作面回采步距的变化情况如图 3-28 所示。由图 3-28(a),21-1 煤层采用一次采全高开采,工作面在推进至 80 m 时,采动裂隙波及上位隔水层,隔水层出现明显弯曲下沉变形,隔水层倾斜变形指标开始发生变化,在切眼前方水平距离 20 m 和 40 m 的位置分别达到 -0.203 mm/mm 和 0.108 mm/mm,模型此时处于非充分采动阶段。工作面推进距离达到 85 m 时,在切眼前方 17 m 和 35 m 的位置分别有采动裂隙从上下两个方向迅速穿过上位隔水层。随着工作面继续向前推进,隔水层的弯曲下沉范围扩大,直至达到充分采动。切眼上方的最大倾斜变形指标出现的位置未发生改变,该位置在工作面回采结束后达到最大,为 -0.230 mm/mm。工作面上方的最大倾斜变形指标位置随工作面推进而向前波浪运动,倾斜指标在 0.140 mm/mm 左右波动,在终采位置达到最大,为 0.160 mm/mm。整个回采过程中,随着上覆弱胶结岩层整体成组移动,各岩层之间的离层裂隙和垂直裂隙均逐渐闭合或开度大幅减小,体现了弱胶结岩层的自修复性,说明泥岩隔水层虽然在裂隙贯通之后隔水层能力大幅减弱,但依然存在一个变化过程,甚至隔水能力还有一定恢复。当覆岩达到充分采动后,下沉盆地范围内的倾斜指标又逐渐恢复。

比较图 3-28(a)和(b)发现,21-1 煤层上分层开采引起的隔水层倾斜变形指标变化规律与全厚开采类似,但变化幅度远小于一次采全厚。21-1 煤层上分层回采过程中,上位隔水层以连续弯曲下沉变形为主,只有一些微裂纹发育到泥岩隔水层底部,故当倾斜变形指标绝对值在 0.07 mm/mm 以内时,泥岩隔水层的隔水能力不会大幅下降,但是开采扰动下泥岩隔水层的局部隔水性能会减弱。

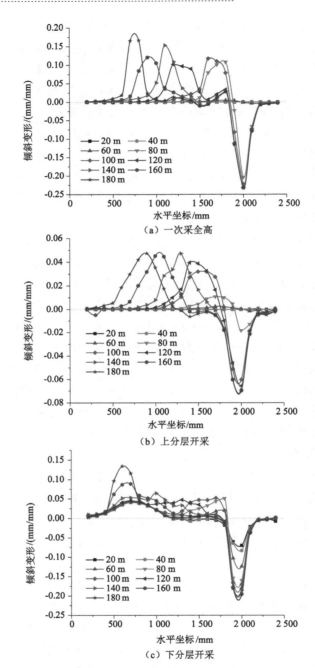

（a）一次采全高

（b）上分层开采

（c）下分层开采

图 3-28　21-1 煤层开采隔水层倾斜变形情况

21-1 煤层下分层开采时,隔水层倾斜变形情况如图 3-28(c)所示。当工作面推进 65 m,切眼上方发育的垂直微裂纹穿过泥岩隔水层进入表土层,但并未发育明显裂隙。从图 3-28(c)回采推进至 60 m 时可以发现,此时下分层开采对倾斜变形指标的影响有限。随着工作面继续推进,切眼上方覆岩中因岩层断裂形成的垂直微裂纹开度增加,局部发育成裂隙。当工作面推进至 85 m 时,隔水层裂隙达到最大开度,但并未贯穿隔水层,此后隔水层裂隙逐渐减小。从图 3-28(c)回采推进至 80 m 时可以发现,下分层的采动影响使泥岩隔水层在切眼前方 70 m 的范围内形成了新的下沉盆地,倾斜变形指标较上分层末态有明显增加。此后,随着下分层工作面继续推进,倾斜变形指标的形态变成两个盆地叠加的结果。下分层开采结束后,倾斜变形指标在切眼前方 25 m 和工作面停采线后方 20 m 的位置分别达到最大,取值为 -0.217 mm/mm 和 0.134 mm/mm,小于一次采全厚的终态倾斜变形指标,此时隔水层因受到累计损伤而导致隔水能力处于减弱段。

(2) 21-1 煤层开采隔水层曲率变形指标

21-1 煤层开采引起的隔水层曲率变形指标随工作面回采推进的逐步变化过程如图 3-29 所示。对于地表曲率变形曲线,负曲率代表地表受挤压变形,但是对于泥岩隔水层,负曲率容易诱发岩层发生从下到上的裂隙扩展,正曲率容易诱发岩层发生从上到下的裂隙扩展。

21-1 煤层采用一次采全高引起的隔水层曲率变形如图 3-29(a)所示。当工作面在推进至 80 m 时,采动裂隙波及上位隔水层,曲率变形指标开始发生变化,在切眼前方 10 m 和 25 m 位置的隔水层曲率变形分别达到 $0.001\,3$ mm/mm^2 和 $-0.001\,2$ mm/mm^2,此时模型处于非充分采动阶段。当工作面回采至 85 m 时,切眼前方 17 m 和 35 m 的位置分别有采动裂隙从上下两个方向迅速穿过上位隔水层。裂隙发生位置不完全和曲率正负最大值重合的原因是:泥岩隔水层裂隙的扩展不完全由拉应力控制,还受拉剪应力共同作用。随着工作面继续向前推进,隔水层的弯曲下沉范围扩大,在切眼上方的曲率变形指标增加幅度很小,但一直大于工作面上方的曲率变形指标,这是由于工作面上方的岩层一直处于动态的下沉和旋转运动过程中。当工作面回采结束,隔水层曲率变形指标呈现出沿下沉盆地中心左右对称的特点。切眼上方的最大曲率变形指标位置未发生改变,正曲率变形最终增加至 $0.001\,6$ mm/mm^2,负曲率变形最终增加至 $-0.001\,5$ mm/mm^2。在模型充分采动后,下沉盆地范围内的曲率指标又逐渐恢复。

　　比较图 3-29(a)和(b)发现,上分层开采过程的曲率变形指标变化幅度远小于一次采全厚。当工作面开采至 80 m 时,曲率变形指标出现明显变化。在21-1 煤层上分层回采过程中,只有一些微裂纹发育到泥岩隔水层底部。由此说明当隔水层曲率变形指标的绝对值在 0.000 5 mm/mm² 以内时,泥岩隔水层并未发生大的结构破坏,但是在采动影响下泥岩隔水层的局部隔水性能会有一定减弱。

　　21-1 煤层下分层开采时隔水层曲率变形如图 3-29(c)所示。当工作面推进至 65 m,切眼上方的泥岩隔水层受到采动影响但并未发育明显裂隙,从图 3-29(c)回采推进至 60 m 时,新的下沉范围出现,并开始对曲率变形指标的形态产生影响。随着工作面继续回采至 80 m 时,下分层的采动影响使泥岩隔水层在切眼前方 70 m 范围内形成了新的下沉盆地,曲率变形指标较上分层末态有明显增加。此后,随着下分层工作面继续推进,曲率变形指标的形态演化为两个盆地的叠加。下分层开采结束后,曲率变形指标在切眼前方 10 m 和 30 m 的位置分别达到最大,为 0.001 2 mm/mm² 和 −0.001 1 mm/mm²,小于一次采全厚的终态曲率变形指标,此时隔水层因为受到累计损伤而导致隔水能力处于减弱段。

　　(3) 21-1 煤层开采隔水层水平变形指标

　　21-1 煤层开采引起的隔水层水平变形指标随工作面回采的变化情况如图 3-30 所示。地表水平变形曲线中,水平变形正值的物理意义为岩层受拉伸变形;负值的物理意义为岩层受压缩变形。对于泥岩隔水层,水平变形为负值易致使岩层发生剪切破坏裂隙扩展,水平变形为正值易致使岩层发生拉伸破坏裂隙扩展。

　　21-1 煤层采用一次采全高开采隔水层水平变形情况如图 3-30(a)所示。工作面回采至 70 m 时,泥岩隔水层还没有明显受到采动影响。当工作面回采至80 m 时,采动裂隙波及上位隔水层,水平变形指标开始发生变化,在切眼前方10 m 和 20 m 的位置分别快速达到 0.007 4 mm/mm 和 −0.007 8 mm/mm,模型此时处于非充分采动阶段。继续回采至 85 m 时,切眼前方 17 m 和 35 m 的位置分别有采动裂隙从上下两个方向迅速穿过上位隔水层。随着工作面继续向前推进,隔水层的弯曲下沉范围扩大,在切眼上方的水平变形指标有逐渐减小的趋势,这是由于工作面上方的岩层一直处于动态的下沉和旋转运动过程中。从总体来看,较切眼上方的岩层下沉较为平缓。在工作面停采位置的覆岩约滞后工作面 33 m 发生破断,泥岩隔水层产生裂隙,此时在工作面后方 30 m

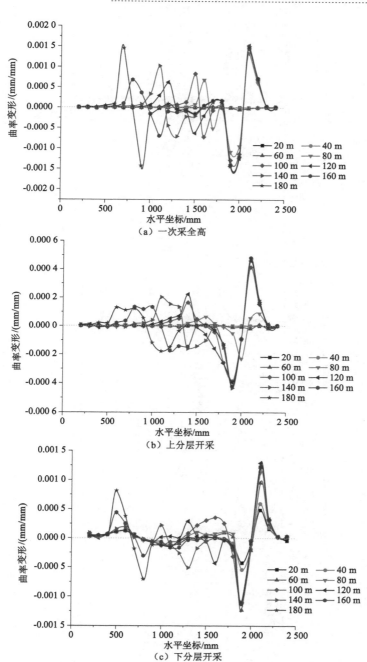

图 3-29　21-1 煤层开采引起的隔水层曲率变形情况

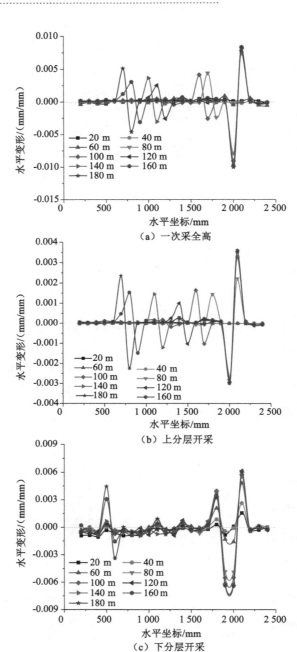

（a）一次采全高

（b）上分层开采

（c）下分层开采

图 3-30　21-1 煤层开采隔水层水平变形情况

和 40 m 的位置分别达到 0.005 0 mm/mm 和一0.004 6 mm/mm。说明在水平变形指标的绝对值大于 0.004 6 mm/mm 时,泥岩隔水层会产生裂隙,隔水能力大幅下降。21-1 煤层覆岩达到充分采动后,下沉盆地范围内的水平变形指标又逐渐恢复。

比较图 3-30(a)和(b)发现,上分层开采过程中的水平变形指标变化规律与全厚开采的水平变形指标变化规律类似,但变化幅度远小于一次采全厚。当工作面回采至 80 m 时,水平变形指标出现明显变化。在 21-1 煤层上分层回采过程中,只有一些微裂纹发育到泥岩隔水层底部,结合水平变形指标的最大值,说明水平变形指标的绝对值在 0.004 mm/mm 以内,泥岩隔水层不会发生大的结构性破坏,但是在采动影响下,泥岩隔水层的局部隔水性能会有一定的减弱。

21-1 煤层下分层开采时,隔水层的水平变形情况如图 3-30(c)。当下分层工作面推进 65 m,切眼上方的泥岩隔水层受到采动影响但并未发育明显裂隙。由图 3-30(c)可知,当工作面回采至 80 m 时,下分层的采动影响使泥岩隔水层在切眼前方一定范围内形成了新的下沉盆地,水平变形指标较上分层末态有明显增加。此后,随着下分层工作面继续推进,水平变形指标的形态演化为两个盆地叠加的结果。下分层开采结束后,水平变形指标在切眼前方 10 m 和 35 m 的位置分别达到最大,为 0.006 1 mm/mm 和一0.006 4 mm/mm,小于一次采全厚的终态水平变形指标,此时隔水层因为受到累计损伤而导致隔水能力处于减弱段。

3.4.2　煤层组开采隔水层变形分析

21-1 煤层采用一次采全高开采使得泥岩隔水层被采动裂隙贯通,隔水能力大幅下降;采用分层开采使得泥岩隔水层发育有微裂纹,但未被采动裂隙贯通,隔水能力亦大幅下降。覆岩采动稳定后,对 23-2 煤层采用一次采全高开采或分层开采,虽然煤层间的岩层基本完整,但 21-1 煤层上覆岩已经受了一或两次采动影响,重复采动使得覆岩的破坏加剧,泥岩隔水层产生二次下沉和水平移动。因此,煤层组开采时隔水层倾斜、曲率和水平变形等指标将产生新变化。

(1) 23-2 煤层开采隔水层倾斜变形

23-2 煤层开采引起的隔水层倾斜变形随工作面回采步距的变化情况如图 3-31 所示。由图 3-31(a)可看出,23-2 煤层采用一次采全高开采,工作面由切眼推进 60 m 时,泥岩隔水层开始受到重复扰动,隔水层倾斜变形指标开始出现变化。当工作面推进至 80 m 时,工作面后方与切眼水平距离约 40 m 位置的隔水

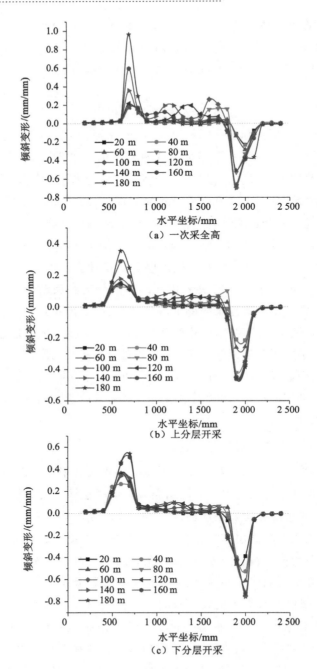

（a）一次采全高

（b）上分层开采

（c）下分层开采

图 3-31　23-2 煤层开采隔水层倾斜变形情况

层产生明显断裂,隔水层隔水性能完全丧失。此时,倾斜变形指标负值在切眼前方 30 m 的位置达到最大,随工作面推进,泥岩隔水层形成新的动态发展的下沉盆地使倾斜变形指标曲线变为两个盆地叠加的形态。当 23-2 煤层开采结束后,隔水层的贯通裂隙主要集中在切眼和停采线附近。倾斜变形指标在切眼前方 30 m 和工作面后方 30 m 的位置分别达到最大,为 -0.71 mm/mm 和 0.96 mm/mm。

比较图 3-31(a)和(b)发现,23-2 煤层上分层开采过程中的倾斜变形指标变化规律与全厚开采类似,但变化幅度小于一次采全厚。当上分层工作面推进至 60 m 时,采动裂隙贯穿上位隔水层,隔水层隔水性能逐渐完全丧失。由图 3-31 (c)可看出,23-2 煤层下分层开采结束后,倾斜变形指标的正负最大值为 0.53 mm/mm 和 -0.69 mm/mm,变化幅度均小于一次采全高时的最大值。

(2) 23-2 煤层开采隔水层曲率变形

23-2 煤层开采过程中,隔水层曲率变形随工作面回采推进的变化情况如图 3-32 所示。由图 3-32(a),23-2 煤层一次采全高开采工作面由切眼推进 60 m 时,泥岩隔水层开始受到重复扰动,曲率变形指标开始发生变化。工作面推进至 80 m 时,工作面后方与切眼水平距离约 40 m 位置的隔水层发生断裂,隔水层的隔水性能完全丧失。随着工作面推进,泥岩隔水层形成新的动态发展的下沉盆地使曲率变形指标曲线变为两个盆地相叠加的形态。当 23-2 煤层开采结束后,隔水层的贯通裂隙基本集中在切眼和停采线附近。曲率变形指标在工作面后方 30 m 和 40 m 的位置分别达到最大,为 0.011 mm/mm² 和 -0.007 mm/mm²。

对比图 3-32(a)和(b),可见 23-2 煤层上分层开采过程中的曲率变形指标变化规律与全厚开采类似,但变化幅度小于一次采全厚。当上分层工作面推进至 60 m 时,采动裂隙贯穿上位隔水层,其隔水性能逐渐完全丧失。由图 3-32(c)可看出,23-2 煤层进行下分层开采结束后,倾斜变形指标的正负最大值为 0.007 mm/mm² 和 -0.005 mm/mm²,变化幅度小于一次采全厚时的最大值。

(3) 23-2 煤层开采隔水层水平变形

23-2 煤层开采引起的隔水层水平变形指标变化情况如图 3-33 所示。由图 3-33(a),23-2 煤层一次采全高开采工作面由切眼推进 60 m 时,泥岩隔水层开始受到重复开采扰动,水平变形指标开始出现变化。当工作面推进至 80 m 时,工作面后方与切眼水平距离约 40 m 位置的隔水层发生明显断裂,隔水层隔水性能完全丧失。随工作面推进,由于工作面上方的岩层一直处于动态的下沉和旋转运动过程中,以及覆岩的破碎松散程度随重复扰动逐渐增加,工作面推进

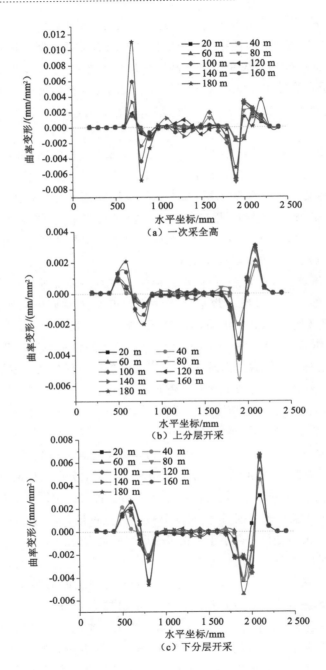

（a）一次采全高

（b）上分层开采

（c）下分层开采

图 3-32   23-2 煤层开采隔水层曲率变形

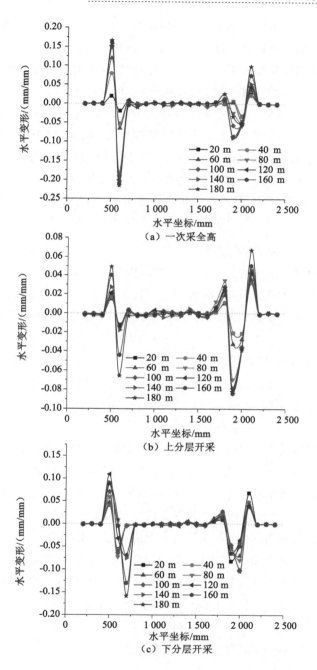

（a）一次采全高

（b）上分层开采

（c）下分层开采

图 3-33　23-2 煤层开采隔水层水平变形情况

过程中的上位泥岩隔水层下沉较为平缓,没有发生明显的水平变形,只是在切眼和停采线附近水平变形累计增大。当 23-2 煤层开采结束,隔水层的贯通裂隙主要集中在切眼和停采线附近。水平变形指标在工作面后方 10 m 和 20 m 的位置分别达到最大,为 0.165 mm/mm 和 −0.223 mm/mm。

对比图 3-33(a)和(b),可见 23-2 煤层上分层开采过程中的水平变形指标变化规律与全厚开采的水平变形指标变化规律类似,但变化幅度小于一次采全厚。23-2 煤层上分层工作面推进至 60 m 时,采动裂隙贯穿上位隔水层,其隔水性能逐渐完全丧失。由图 3-33(c)可看出,23-2 煤层进行下分层开采结束后,水平变形指标在工作面后方 10 m 和 30 m 位置分别达到最大,为 0.113 mm/mm 和 −0.063 mm/mm,变化幅度也小于一次采全厚时的最大值。

3.4.3　隔水层采动稳定性评价指标

采动覆岩的破坏是脆性破坏与塑性破坏两种类型的综合。对于坚硬岩层,应主要对其应力状态进行分析,判断其破坏情况,而对软弱岩层,应通过分析其变形和应变状态来判断其破坏情况。坚硬岩层达到抗拉或抗剪极限后的断裂就意味着岩体破坏并导水,而对于软弱的岩层(如泥岩),马立强结合神东矿区的地质情况,认为在其水平拉伸变形值达到约 2.0～3.0 mm/m 时才会产生裂缝并开始导水[166]。程海涛认为对于塑性大的粉质黏土,拉伸变形值一般超过 6.0～10.0 mm/m 时产生裂隙;塑性小的砂质黏土,拉伸变形达到 2.0～3.0 mm/m 时产生裂隙[167]。

本章弱胶结采动覆岩"隔-阻-基"协同变形物理模拟中,上位隔水层的弯曲下沉变形过程与地面下沉变形过程类似。故通过倾斜、曲率和水平变形指标对上位隔水层的变形破坏情况进行了详细的分析,得出了在物理模型的地质条件下,采用一次采全厚和分层开采这两种方式下的泥岩隔水层的变形和裂隙发育情况。通过上述的分析,泥岩隔水层的变形隔水性变化过程可以分为 3 个阶段(图 3-34),其中:O 点为隔水层原始隔水性能,B 点为隔水性极限点,C 点为隔水性完全失去点。基于文中第 3 章内容的地质条件,B 点对应的各项变形指标为倾斜变形指标绝对值 0.108 0 mm/mm,曲率变形指标绝对值 0.001 2 mm/mm²,水平变形指标绝对值 0.004 6 mm/mm;C 点对应的各项变形指标为倾斜变形指标绝对值 0.230 mm/mm,曲率变形指标绝对值 0.001 6 mm/mm²,水平变形指标绝对值 0.006 4 mm/mm。

① OA 段:隔水性增强段,此阶段泥岩隔水层主要受到压缩作用,泥岩中的

孔隙和裂隙结构被压缩,结构更加致密,隔水性增强;

② OB 段:隔水性减弱段,此阶段泥岩隔水层受拉剪作用产生塑性变形,出现细微裂纹,泥岩隔水层隔水性逐渐减弱,但减弱幅度不大;

③ BC 段:隔水性失去段,此阶段泥岩隔水层的裂隙逐渐发育和贯通,隔水性大幅减弱直至全无隔水性;

④ BD 段:隔水性丧失段,此阶段从工程意义上认为泥岩隔水层已不具备隔水性能,BD 段包含 BC 段。

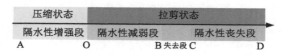

图 3-34　隔水层采动稳定性评价

3.5　本章小结

（1）伊犁弱胶结煤系地层在煤层开挖扰动下,覆岩"上位隔水层"、"中位阻隔层"和"下位基本顶"总体呈现了协同变形运动的规律,"下位基本顶"的断裂形态及结构特征受初采厚度、采动次数影响明显,"中位阻隔层"难以形成稳定承载结构,并在随"下位基本顶"成组运动的过程中引起"上位隔水层"的协同变形和位态变化。

（2）单煤层的初采厚度对基本顶的断裂形态和结构稳定性影响亦较为明显,初采煤层较小时,覆岩基本顶自工作面尾部发生不完整破断,形成假塑性梁结构;当煤层初采厚度较大时,基本顶沿工作面煤壁发生完整断裂,形成较稳定的铰接结构。

（3）二次或多次开采扰动时"中位阻隔层"采动裂隙发育范围明显增加,成组运动范围比初采时显著扩大,"上位隔水层"的协同变形响应敏感程度和变形程度亦大幅增加。

（4）单煤层及煤层组开采过程中"上位隔水层"裂隙发育位态随"中位阻隔层"的成组运动具有动态的分阶段属性,隔水层裂隙动态发育范围和尺度与开采厚度、扰动次数正相关。弱胶结煤系地层开采条件下,除切眼和停采线附近贯通、错动裂隙外,隔水层采动裂隙均可实现自然压实闭合。

（5）针对隔水层采动变形特点,引入倾斜、曲率、水平变形为变形指标对比分析 21-1 和 23-2 煤层分别采用一次采全高和分层开采工艺时,隔水层随煤层开采的变形演化规律,结果表明分层开采的三项变形指标均小于一次采全厚的终态变形指标。基于伊犁矿区泥岩隔水层力学属性和相似模拟试验结果,结合已有研究成果,按隔水层变形程度指标将其隔水性划分为:隔水性增强段、隔水性减弱段、隔水性失去段和隔水性丧失段。

第 4 章　弱胶结采动地层隔水层稳定性力学分析

弱胶结地层岩石力学性质普遍较差,由于强度和刚度均较低,岩层破断后难以形成稳定承载结构。由第 3 章相似模拟实验结果可以看出,随着弱胶结地层中煤层开采空间逐渐增大,基本顶-阻隔层-隔水层整体的协同运动将出现变形。因此,隔水层的稳定性不仅与其自身岩性和厚度参数密切相关,还受煤层开采尺寸、阻隔岩层厚度等因素的影响显著。为进一步揭示隔水层的稳定机制,本章基于弹性地基板理论,结合第 3 章隔水层稳定性评价指标,构建弱胶结采动地层隔水层稳定性力学模型,推导隔水层稳定性力学判据,分析煤层开采尺寸、阻隔层厚度及隔水层厚度对隔水层采动稳定性的影响规律,在此基础上划分弱胶结地层结构类型,为特厚煤层组开采对隔水层稳定性的等价效应奠定理论基础。

4.1　隔水层稳定性力学模型

掌握隔水层的采动稳定性演化规律是实现保水开采的重要前提,国内外学者基于不同的覆岩结构特征,采用单层平面应变梁(板)或组合梁(板)等理论分析了固支及简支条件下隔水层结构稳定性,但较少考虑梁(板)基础的变形以及下部岩层破坏后支撑能力变化的影响,存在一定的局限性。因此,本书将“下位基本顶”和“中位阻隔层”对“上位隔水层”变形的间接或直接力学传递简化为弹性地基反力作用,建立隔水层非均匀弹性地基板力学模型,综合考虑弹性地基系数的影响,推导弱胶结地层厚煤层采动隔水层的变形方程及变形失稳的临界判别条件。

4.1.1　非均匀弹性地基板力学模型

（1）弹性地基板理论

弹性地基板是放置在具有一定弹性地基上,各点与地基紧密接触的板[168]。与常规的板模型不同,弹性地基板模型中常用温克尔模型、弹性连续介质模型等基础模型。其中,温克尔力学模型把地基视为由许多独立且相互之间不影响的弹簧构成,如图 4-1 所示,认为地基表面上任一点所受的压力 $p(x,y)$ 与挠度 $w(x,y)$ 成正比,即:

$$p(x,y) = kw(x,y) \tag{4-1}$$

式中 $w(x,y)$ ——任一点的挠度函数;

k ——弹性地基系数,kN/m^3。

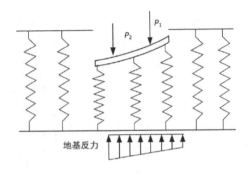

图 4-1 温克尔局部弹性地基模型[168]

伊犁矿区弱胶结煤系地层普遍具有"煤层-阻隔层-隔水层-含水层"的地质结构特征,如图 4-2 所示。随着煤层开采空间的逐渐增大,将引起基本顶-阻隔层-隔水层整体的协同运动变形,可近似将基本顶、阻隔层结构共同视为弹性地基。假设开采高度为 m,垮落带高度为 h_0,垮落带容重为 γ_0,采空区覆岩垮落角为 θ_m,阻隔层中剩余基岩厚度为 h_1,其容重为 γ_1、弹性模量为 E_1、泊松比为 μ_1;隔水层厚度为 h_2,其容重为 γ_2、弹性模量为 E_2、泊松比为 μ_2;隔水层上方为含水层及黄土层。

(2)隔水层弹性地基板力学模型

将隔水层视为由周围岩体、阻隔层及垮落带矸石共同支撑的弹性地基薄板(厚度远小于其长度和宽度,并且作用于板的载荷垂直于板的平面),构建隔水层力学模型,如图 4-3 所示。取隔水层的中性面为 x-y 平面,垂直于中性面的方向为 z 轴,其中工作面推进方向为 x 轴,长度为 a;工作面倾向为方向 y,长度为 b。

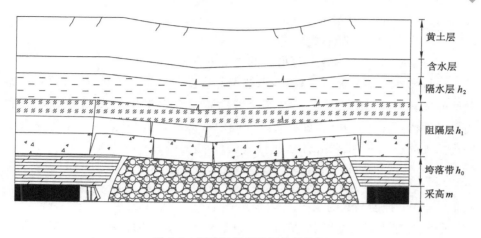

图 4-2　弱胶结煤系地层结构特征

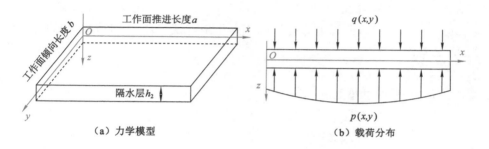

（a）力学模型　　　　　　　　（b）载荷分布

图 4-3　隔水层力学模型

　　为便于分析计算，假设隔水层上覆含水层及黄土层的有效应力为均布载荷；根据隔水层赋存特征及实际的开采条件，周围岩体对其支承视为固支边界，其中固支边为 $x=0,x=a,y=0,y=b$。边界条件满足：

$$(\omega)_{x=0,y=0,b}=0 \quad (\frac{\partial \omega}{\partial x})_{x=0,a}=0 \quad (\frac{\partial \omega}{\partial y})_{y=0,b}=0 \tag{4-2}$$

　　可以看出，隔水层自重载荷为 $G_2=\gamma_2 h_2$，上方受到含水层及黄土层的均布载荷 $q(x,y)$，下方受到阻隔层的支撑载荷 $p(x,y)$。其中，支撑载荷 $p(x,y)$ 是采空区矸石通过其上覆呈倒梯形阻隔层的传递作用施加在隔水层下方的。对该部分倒梯形阻隔层进行受力分析，将压实后的采空区矸石视为弹性地基，并考虑倒梯形阻隔岩层的自重载荷，可以获得支撑载荷 $p(x,y)$ 的表达式为：

$$p(x,y)=kw(1-\frac{2h_0 \cot \theta_m}{a})+\gamma_1 h_1(1-\frac{h_0 \cot \theta_m}{a}) \tag{4-3}$$

式中　k——弹性地基系数；

　　　w——采场上覆隔水层挠度；

　　　$a-2h_0\cot\theta_m$——采空区矸石的作用范围。

分析弹性地基薄板力学模型，求解满足挠度曲面微分方程，同时对应边界条件的精确解析解比较困难，一般采用弹性薄板的瑞力-里茨法，建立满足模型边界条件精确的挠曲方程，进而获得问题的近似解[168]。根据采场覆岩隔水层四边固支的边界条件，采用瑞力-里茨法，满足边界条件一阶挠度方程为：

$$w = A\sin^2\frac{\pi x}{a}\sin^2\frac{\pi y}{b} \tag{4-4}$$

式中　A——挠度函数的系数。

隔水层弯曲下沉过程中，其内部在自重和上部载荷的作用下产生弯矩和扭矩。隔水层断裂失稳前，弯矩和扭矩对受载岩层所做的功，以变形能的方式储存在岩层中。根据能量原理的变分法以及最小势能，在忽略形变分量 ε_z、γ_{yz}、γ_{xz} 的条件下，薄板弯曲产生的总势能 I 等于板的变形能 V 与荷重对板所做的功 W 之差：

$$I = V - W \tag{4-5}$$

式中　I——板的总势能；

　　　V——形变势能；

　　　W——重力荷载做的功。

其中：

$$V = \frac{D}{2}\iint\left\{\left(\frac{\partial^2 w}{\partial x^2}+\frac{\partial^2 w}{\partial y^2}\right)^2 - 2(1-\mu)\left[\frac{\partial^2 w}{\partial x^2}\frac{\partial^2 w}{\partial y^2}-\left(\frac{\partial^2 w}{\partial x\partial y}\right)^2\right]\right\}\mathrm{d}x\mathrm{d}y \tag{4-6}$$

$$W = \iint(q-p)w\mathrm{d}x\mathrm{d}y \tag{4-7}$$

式中　D——岩层的抗弯刚度，$D=\dfrac{Eh^3}{12(1-\mu^2)}$。

将式(4-4)、(4-6)、(4-7)代入式(4-5)，积分后可得：

$$I = DA^2\pi^4\left(\frac{3a}{8b^3}+\frac{3b}{8a^3}+\frac{1}{4ab}\right) - \frac{ab}{4}\left[q+\gamma_2 h_2-\gamma_1 h_1\left(1-\frac{h_0\cot\theta_m}{a}\right)\right] +$$

$$\frac{kAa^2b^2(a-h_0\cot\theta_m)}{8a}$$

令 $\partial I/\partial A=0$，得

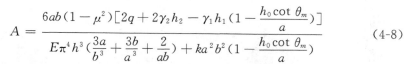

$$A = \frac{6ab(1-\mu^2)\left[2q + 2\gamma_2 h_2 - \gamma_1 h_1\left(1 - \dfrac{h_0 \cot \theta_m}{a}\right)\right]}{E\pi^4 h^3\left(\dfrac{3a}{b^3} + \dfrac{3b}{a^3} + \dfrac{2}{ab}\right) + ka^2 b^2\left(1 - \dfrac{h_0 \cot \theta_m}{a}\right)} \tag{4-8}$$

将式(4-8)代入式(4-4),得出隔水层弹性地基板四边固支条件下挠度方程 w 为

$$w = \frac{6ab(1-\mu^2)\left[2q + 2\gamma_2 h_2 - \gamma_1 h_1\left(1 - \dfrac{h_0 \cot \theta_m}{a}\right)\right]}{E\pi^4 h^3\left(\dfrac{3a}{b^3} + \dfrac{3b}{a^3} + \dfrac{2}{ab}\right) + ka^2 b^2\left(1 - \dfrac{h_0 \cot \theta_m}{a}\right)} \sin^2 \frac{\pi x}{a} \sin^2 \frac{\pi y}{b}$$

$$\tag{4-9}$$

根据弹性地基板挠度与应力之间的关系,由挠曲方程可分别求出隔水层中 σ_x,σ_y 和 τ_{xy} 的应力表达式:

$$\sigma_x = -\frac{Ez}{1-\mu^2}\left(\frac{\partial^2 \omega}{\partial x^2} + \mu \frac{\partial^2 \omega}{\partial y^2}\right)$$

$$= -\frac{2AEz\pi^2}{1-\mu^2}\left(\frac{1}{a^2}\sin^2 \frac{\pi y}{b}\cos \frac{2\pi x}{a} + \frac{\mu}{b^2}\sin^2 \frac{\pi x}{a}\cos \frac{2\pi y}{b}\right)$$

$$\sigma_y = -\frac{Ez}{1-\mu^2}\left(\frac{\partial^2 \omega}{\partial y^2} + \mu \frac{\partial^2 \omega}{\partial x^2}\right)$$

$$= -\frac{2AEz\pi^2}{1-\mu^2}\left(\frac{\mu}{a^2}\sin^2 \frac{\pi y}{b}\cos \frac{2\pi x}{a} + \frac{1}{b^2}\sin^2 \frac{\pi x}{a}\cos \frac{2\pi y}{b}\right)$$

$$\tau_{xy} = -\frac{Ez}{1+\mu}\frac{\partial^2 \omega}{\partial xy} = -\frac{AEz\pi^2}{ab(1+\mu)}\sin \frac{2\pi x}{a}\sin \frac{2\pi y}{b} \tag{4-10}$$

4.1.2 伊犁矿区隔水层采动稳定性分析

根据伊犁四矿工作面的实际生产地质条件,工作面倾向长度 $b = 200$ m,推进长度 $a = 600$ m,煤层开采厚度 $m = 15$ m,垮落带高度 $h_0 = 75$ m,容重 $\gamma_0 = 21$ kN/m³,覆岩垮落角 $\theta_m = 60°$,阻隔层厚度 $h_1 = 35$ m,其容重 $\gamma_1 = 23$ kN/m³,弹性模量 $E_1 = 2.1$ GPa,泊松比 $\mu_1 = 0.24$,隔水层厚度 $h_2 = 5$ m,其容重 $\gamma_2 = 22$ kN/m³,弹性模量 $E_2 = 2.0$ GPa、泊松比 $\mu_2 = 0.27$,黄土层与含水层载荷应力 $q = 1.0$ MPa,弹性地基系数 $k = 1.0 \times 10^7$ N/m³。将上述参数代入式(4-9),计算得出弱胶结地层隔水层弯曲变形时,隔水层上、下表面应力 σ_x,σ_y 和 τ_{xy} 的分布规律如图 4-4 所示。

从图 4-4 可以看出,隔水层内上表面边界区域出现拉应力,中心区域出现压应力,剪应力成分区集中分布。其中最大拉应力位于(300 m,0 m)和(300 m,

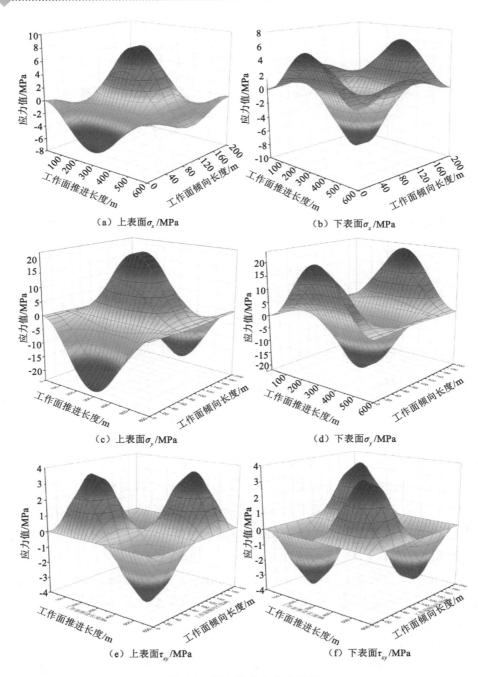

图 4-4　隔水层应力分布特征

200 m)，最大应力值分别为 $\sigma_x=-5.96$ MPa，$\sigma_y=-22.08$ MPa。最大压应力位于开采区域中心(300 m，100 m)，最大应力值分别为 $\sigma_x=7.98$ MPa，$\sigma_y=21.40$ MPa。在(450 m，50 m)，(150 m，150 m)和(150 m，50 m)，(450 m，150 m)出现最大值分别为 $\tau_{xy}=-3.63$ MPa 和 $\tau_{xy}=3.63$ MPa 的剪应力。隔水层下表面压应力出现于边界区域，中心区域出现拉应力，剪应力呈分区集中分布。其中最大拉应力 $\sigma_x=-7.98$ MPa，$\sigma_y=-21.40$ MPa，最大压应力 $\sigma_x=5.96$ MPa，$\sigma_y=22.08$ MPa。

采动影响下弱胶结隔水层弯曲下沉过程中，隔水层上下表面不同区域的应力集中状态不同，拉破坏、剪破坏与压破坏均可能出现。由于岩石的抗拉强度一般小于其剪切强度与抗压强度，并且上述分析结果显示，弱胶结隔水层上下表面所受的拉应力与压应力数值大小相当。因此，工作面开采过程中，隔水层极易在下表面中心区域及上表面边界区域率先出现拉伸破坏，进而在拉、压、剪应力共同作用下导致隔水层其他部位的破坏。

4.2　隔水层结构采动稳定性判别

（1）隔水层稳定性力学判据

伊犁矿区弱胶结煤系地层力学性质普遍较差，特厚煤炭资源的地下大规模开采会引起从顶板-阻隔层-隔水层-含水层整体的协同运动变形，结合隔水层应力分布特征，采动影响下隔水层最有可能率先在下表面中心区域及上表面边界中部因拉伸而发生屈服破坏，其最大拉应力 σ_t 为：

$$\sigma_t=\frac{6E^2\pi^2hab(1-\mu^2)\left[2q+2\gamma_2h_2-\gamma_1h_1\left(1-\dfrac{h_0\cot\theta_m}{a}\right)\right]}{E\pi^4h^3\left(\dfrac{3a}{b^3}+\dfrac{3b}{a^3}+\dfrac{2}{ab}\right)+ka^2b^2\left(1-\dfrac{h_0\cot\theta_m}{a}\right)}\left(\frac{\mu}{a^2}+\frac{1}{b^2}\right)$$

$$(4\text{-}11)$$

因此，弱胶结隔水层不产生拉伸破坏，而处于整体稳定状态时必须满足：

$$\sigma_t<[\sigma_t] \tag{4-12}$$

式(4-12)为采动影响下隔水层稳定性的力学判据。当隔水层下表面中心区域及上表面边界中部位置处产生的拉应力，小于或等于拉伸强度阈值时，隔水层整体结构处于稳定状态，不会产生拉伸破坏；当下表面中心区域及上表面边界中部位置处产生的拉应力，大于其拉伸强度阈值时，采场覆岩隔水层产生拉伸破坏，覆岩隔水层发生破断。

（2）隔水层稳定性变形判据

由于弱胶结岩层属于典型的软岩层，具有一定的塑性破坏特征，因此，为准确评估隔水层阻隔水性能，需用变形进一步判断隔水层的稳定性。根据弹性力学原理，由挠曲方程可分别求出隔水层应变的表达式。结合伊犁四矿工作面的实际生产地质条件，将相应的参数代入式(4-13)，计算得出弱胶结地层隔水层弯曲变形时，隔水层上、下表面应变 ε_x，ε_y 和 γ_{xy} 的分布规律如图 4-5 所示。

$$\begin{cases} \varepsilon_x = -\dfrac{\partial^2 \omega}{\partial x^2}z = -\dfrac{2Az\pi^2}{a^2}\sin^2\dfrac{\pi y}{b}\cos\dfrac{2\pi x}{a} \\[2mm] \varepsilon_y = -\dfrac{\partial^2 \omega}{\partial y^2}z = -\dfrac{2Az\pi^2}{b^2}\sin^2\dfrac{\pi x}{a}\cos\dfrac{2\pi y}{b} \\[2mm] \gamma_{xy} = -2z\dfrac{\partial^2 \omega}{\partial xy} = -\dfrac{2Az\pi^2}{ab}\sin\dfrac{2\pi x}{a}\sin\dfrac{2\pi y}{b} \end{cases} \quad (4\text{-}13)$$

从图 4-5 中可以看出，由于隔水层中拉应力、压应力及剪应力的共同作用，导致隔水层的正应变与剪应变呈现不同的分布特征。正应变沿工作面走向及倾向呈对称分布，剪应变呈分区集中分布。沿工作面推进方向，隔水层上表面在工作面前、后煤壁中部出现最大拉应变 $\varepsilon_x = -0.89$，在采区中心点出现最大压应变 $\varepsilon_x = 0.89$；下表面在采区中心点出现最大拉应变 $\varepsilon_x = -0.89$。沿工作面倾向方向，隔水层上表面在工作面长边中部出现最大拉应变 $\varepsilon_y = -8.20$，在采区中心点出现最大压应变 $\varepsilon_y = 7.70$；下表面在采区中心点出现最大拉应变 $\varepsilon_x = -7.70$。在 $(450\text{ m}, 50\text{ m})$，$(150\text{ m}, 150\text{ m})$ 和 $(150\text{ m}, 50\text{ m})$，$(450\text{ m}, 150\text{ m})$ 出现最大值分别为 $\gamma_{xy} = 2.70$ 和 $\gamma_{xy} = -2.70$ 的剪应变。

采动影响下隔水层产生弯曲下沉，当其上、下表面产生的最大拉应变 $\varepsilon_{\max}$ 小于或等于其极限拉应变 $[\varepsilon_t]$ 时，隔水层将处于稳定状态而保持完整，具有较好的隔水能力。其最大拉应变为：

$$\begin{cases} \varepsilon_{x\max} = -\dfrac{30\pi^2 b(1-\mu^2)[2q + 2\gamma_2 h_2 - \gamma_1 h_1(1 - h_0\cot\theta_m)]}{E\pi^4 h^3\left(\dfrac{3a^2}{b^3} + \dfrac{3b}{a^2} + \dfrac{2}{b}\right)} \\[4mm] \varepsilon_{y\max} = -\dfrac{30\pi^2 a(1-\mu^2)[2q + 2\gamma_2 h_2 - \gamma_1 h_1(1 - h_0\cot\theta_m)]}{E\pi^4 h^3\left(\dfrac{3a}{b^2} + \dfrac{3b^2}{a^3} + \dfrac{2}{a}\right)} \end{cases} \quad (4\text{-}14)$$

因此，弱胶结隔水层结构不发生拉伸屈服破坏而处于稳定状态时必须满足：

$$\varepsilon_{x\max,\,y\max} < [\varepsilon_t] \quad\quad (4\text{-}15)$$

式(4-15)为隔水层结构采动稳定性变形判据。

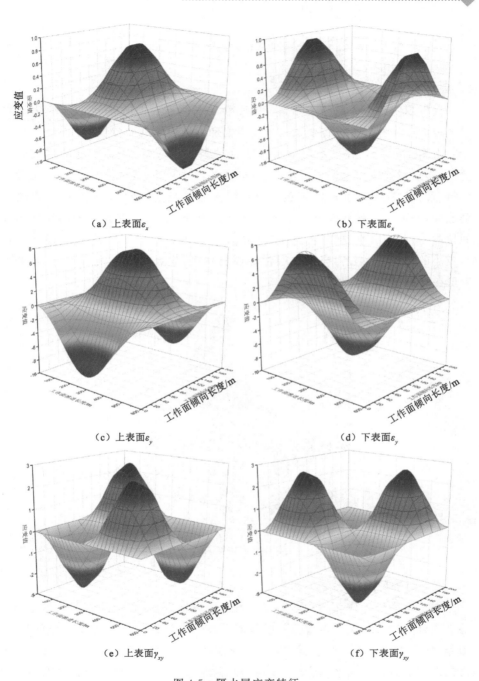

（a）上表面ε_x　　　　　　　　　　　（b）下表面ε_x

（c）上表面ε_y　　　　　　　　　　　（d）下表面ε_y

（e）上表面γ_{xy}　　　　　　　　　　　（f）下表面γ_{xy}

图 4-5　隔水层应变特征

4.3　隔水层采动稳定性影响因素

（1）隔水层厚度及弹性模量

在伊犁四矿工作面的实际生产地质参数取值不变的情况下，图 4-6 为隔水层下表面产生的最大拉应变 ε_{ymax} 与其厚度和弹性模量的变化规律。

由图 4-6 可知，在隔水层下表面产生的最大拉应变，随其厚度的增大而增大；当隔水层弹性模量较小时，最大拉应变的增速较快，当隔水层的弹性模量较大时，最大拉应变增加速度变缓。这是因为随着厚度的增加，隔水层自重载荷会加大，当隔水层弹性模量较小时，更容易产生弯曲下沉，在其上表面受到较大的拉应力；而当隔水层弹性模量较大时，不易产生弯曲下沉，在其上表面产生相对较小的拉应力。表明当隔水层弹性模量越小，最大拉应变增加越快，其抵抗变形破坏的能力也就越弱。

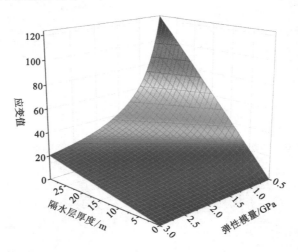

图 4-6　隔水层下表面 ε_{ymax}-h-E 关系

（2）阻隔层厚度及弹性模量

在伊犁四矿工作面的实际生产地质参数取值不变的情况下，图 4-7 为隔水层上受到的最大拉应力随着阻隔层厚度以及弹性模量的变化规律。研究表明，阻隔层（除去垮落带的剩余基岩）越厚，隔水层上产生的最大拉应力越小，这主要是因为随着覆岩剩余基岩厚度的增大，阻隔层抵抗变形破坏的能力也逐渐增强。而隔水层上产生的最大拉应力，随其厚度的减小对阻隔层弹性模量的敏感性增加,这是由于覆岩剩余基岩越小,弹性模量越大时,阻隔层则越坚硬,其抵抗变形破坏的能力越弱,越容易产生脆性破坏。因此,阻隔层厚度越大,弹性模量越大,越有利于隔水层的稳定性控制。

另外,随着煤层开采高度增加,覆岩垮落带高度也随之增大。在采场覆岩阻隔层厚度确定的条件下,垮落带高度越大,采场上覆岩层中剩余基岩厚度就越小,不利于采场覆岩隔水层的整体稳定性控制。

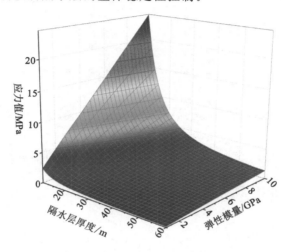

图 4-7　隔水层最大拉应力与阻隔层 h-E 关系

(3) 煤层开采尺寸

在伊犁四矿工作面的实际生产地质参数取值不变的情况下,图 4-8 为工作面倾向长度 b 分别为 100 m、150 m、200 m、250 m、300 m 时,隔水层上最大拉应力随工作面推进距离 a 的变化规律。可以看出,在隔水层上受到的最大拉应力,随工作面推进距离 a 的增大,呈现出先增加后趋于平缓的趋势,表明工作面开采初期,隔水层上受到的最大拉应力增速较快,而当工作面推进至一定距离后,最大拉应力逐渐趋于平缓,这主要是因为工作面达到了充分采动的状态。另外,隔水层上受到的最大拉应力,随着工作面倾向长度 b(工作面宽度)的减小而减小,因此,适当控制工作面倾向长度有利于采场上覆隔水层的稳定性控制。

(4) 隔水层承受上覆岩层载荷

在伊犁四矿工作面的实际生产地质参数取值不变的情况下,图 4-9 为隔水层上最大拉应力与其承受载荷的变化规律。由图 4-9 可以看出,隔水层上作用的最大拉应力与其承受的载荷呈线性增加关系,承受的含水层及黄土层的载荷越大,隔水层上作用的最大拉应力也越大。

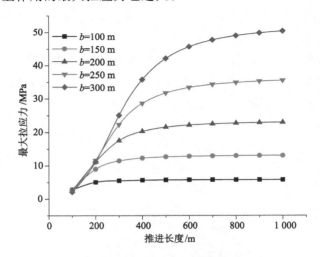

图 4-8　隔水层最大拉应力与工作面开采尺寸的关系

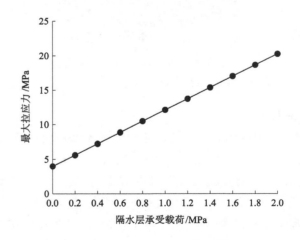

图 4-9　隔水层最大拉应力与其承受载荷的关系

　　实际上,伊犁矿区弱胶结煤系地层上覆含水层及黄土层厚度分布不均匀,局部含水层及黄土层厚度较薄,但图 4-9 表明较低的覆岩载荷对隔水层的稳定性影响仍然很大。当覆岩载荷为 0.2 MPa 时,隔水层上作用的最大拉应力就达到了5.60 MPa,意味着含水层及黄土层载荷增加不利于采场上覆隔水层的稳定性控制。

　　(5)覆岩垮落角

在伊犁四矿工作面的实际生产地质参数取值不变的情况下,图 4-10 为隔水层上最大拉应力与覆岩垮落角的变化规律。由图 4-10 可以看出,隔水层上作用的最大拉应力随覆岩垮落角的增大而增大,但其增加的幅值是先快后慢,最后趋于平缓。隔水层上作用的最大拉应力随覆岩垮落角的变化规律表明,采空区上覆倒梯形岩柱越宽,越有利于采场上覆隔水层的稳定性控制。

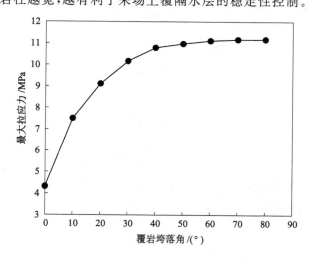

图 4-10　隔水层最大拉应力与覆岩垮落角的关系

（6）弹性地基系数

基于伊犁四矿实际生产地质条件,当开采参数取值不变的情况下,图 4-11 为隔水层上最大拉应力与弹性地基系数的关系。

由图 4-11 可以看出,在隔水层上作用的最大拉应力随弹性地基系数 k 的增大而减小,这意味着阻隔层对隔水层的支撑能力,对控制覆岩隔水层的稳定性起至关重要的作用;当弹性地基系数达到某一个临界值时,其可以有效支撑采场上覆岩层,起到控制采场上覆浅表含水层结构稳定的作用。而采空区内垮落破裂阻隔层的弹性地基系数与垮落带矸石的碎胀性、阻隔层离层发育、煤层开采高度、采场围岩应力等密切相关。工程实践表明,降低煤层开采高度、采用充填开采技术等技术方法,将更有利于采场上覆隔水层的稳定。

综上所述,采掘扰动下弱胶结煤系地层隔水层上受到的最大拉应力随阻隔层厚度、弹性地基系数的增大而减小;随上覆含水层及黄土层上层载荷的增大而增大;随覆岩垮落角的增大而呈现出先快速增大后趋于平缓的趋势。隔水层下表面产生的最大拉应变,随其厚度的增加而增大;随其弹性模量的减小而快

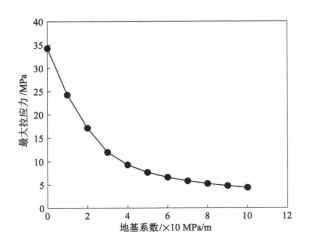

图 4-11 隔水层最大拉应力与弹性地基系数的关系

速迅速增大,弹性模量越小,隔水层抵抗拉伸变形损伤破坏的能力越弱,越不利于隔水层的稳定性控制。

4.4 本章小结

(1) 基于弹性地基板理论,建立弱胶结煤系地层隔水层非均匀弹性地基板力学模型,分析了隔水层的应力分布规律,揭示了其上下表面不同区域的应力集中状态不同,极易在下表面中心区域及上表面边界区域率先出现拉伸破坏,进而在拉、压、剪应力共同作用下导致隔水层其他部位的破坏。

(2) 根据弱胶结煤系地层力学性质差且具有塑性破坏的特性,分别采用应力和应变作为衡量隔水层稳定性的指标,提出了覆岩隔水层稳定性力学判据:当隔水层下表面中心区域及上表面边界中部位置处受到的拉应力大于其抗拉极限时,采场覆岩隔水层产生拉伸破坏;当隔水层上下表面产生的最大拉应变大于其极限拉应变时,隔水层产生破坏。

(3) 分析了弱胶结煤系地层隔水层稳定性的影响因素,采掘扰动影响下隔水层上受到的最大拉应力,随弹性地基系数以及阻隔层厚度的增大而减小;随上层载荷的增大而增大;随覆岩垮落角的增大呈现出先快速增大后趋于平缓的趋势。隔水层下表面收到的最大拉应变,随其厚度的增加而增大,随其弹性模量的减小而迅速增大。

第 5 章　特厚煤层组开采隔水层损伤特征与等效采厚

　　伊犁矿区各主采煤层单层平均厚度 4.6～19.2 m,多以成组形式赋存,属于近距离厚/特厚煤层组。煤层组及厚煤层各分层开采对上覆岩层是一个重复扰动的过程,地层受扰动影响空间增大的同时各岩层损伤变形量亦累积增加。由于各煤层厚度和间距不等,开采扰动引起的隔水层损伤变形累积程度各不相同。为此,本章基于实验室测试结果的数值计算反演提出弱胶结岩石采动损伤表征方法,分析煤层组开采过程中隔水层的损伤特征,综合考虑采动覆岩卸荷膨胀累积效应,得出基于隔水层变形的煤层组等效采厚计算方法。

5.1　弱胶结岩石损伤表征方法

5.1.1　弱胶结岩石力学参数数值反演

　　UDEC 是基于离散单元法的岩土工程商业数值分析软件,广泛应用于工程岩体破坏及发展过程研究。Gao 和 Stead 在 Voronoi 程序基础上设计了 Trigon 算法,降低了对网格的依赖度,可更真实地刻画覆岩受载损伤以及断裂的情况。UDEC 软件已有的 Voronoi 算法可以产生尺寸随机的多边形块体网格,Trigon 算法则是在此基础上进一步剖分出三角形块体网格,岩石块体的 Trigon 块体模型如图 5-1(a)所示[169]。Trigon 块体组成的岩体,只能沿着 Trigon 块体之间的节理发生剪切破坏或者张拉破坏,本构关系如图 5-1(b)所示[170]。

　　Trigon 模型中,多边形块体设定为弹性体,对于岩石材料只需确定块体的弹性模量、节理内摩擦角 ϕ、节理内聚力 C 和节理抗拉强度 T 等微观力学参数。弱胶结岩石 Trigon 模型中,接触面采用 Residual 屈服准则,块体采用弹性模型。根据第 2 章弱胶结地层岩石力学参数实测结果,结合岩石力学数值分析相

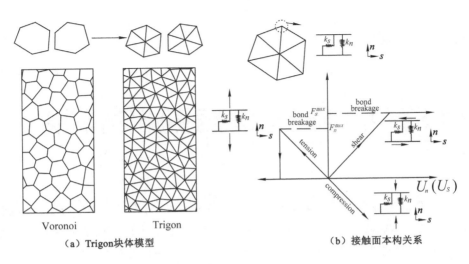

（a）Trigon块体模型　　　　（b）接触面本构关系

图 5-1　UDEC Trigon 模型[171]

关研究成果[172-175]，计算确定岩石微观力学参数，见表 5-1。

表 5-1　弱胶结岩石微观力学参数

岩体	块体参数			接触面参数				
	密度/(kg·m⁻³)	体积模量/GPa	剪切模量/GPa	法相刚度/GPa	剪切刚度/GPa	内摩擦角/(°)	内聚力/MPa	抗拉强度/MPa
泥岩	2 000	0.88	0.52	86.4	34.7	18	8.7	1.8

　　为验证岩石微观力学参数的合理性，采用上述岩石参数分别进行单轴压缩以及巴西劈裂标准试样尺度的模拟计算试验，将数值计算结果与室内测试结果进行比对。其中，单轴压缩试验采用宽×高为 50×100 mm 的矩形试件，巴西劈裂试验采用直径为 50 mm 的圆形试件，试验结果如图 5-2 所示。

　　如图 5-2 所示，在模拟泥岩单轴压缩时，岩石破坏以剪切为主，当应力数值加载至峰值应力的 31% 时，张拉裂隙开始出现；当应力数值加载至峰值应力的 74% 时，剪切裂隙开始出现；当应力数值加载至峰值应力的 81% 时，剪切裂隙的数量快速增长。泥岩的抗压强度、弹性模量分别为 18.56 MPa、1.41 GPa，与实验室测试结果 18.16 MPa、1.44 GPa 的误差分别为 2.2% 和 2.1%。在泥岩巴西劈裂模拟试验中，岩石破裂以张拉型裂隙为主，当应力数值加载至峰值应力

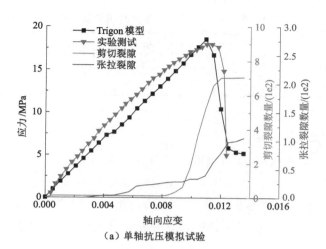

（a）单轴抗压模拟试验

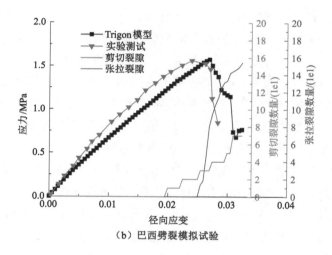

（b）巴西劈裂模拟试验

图 5-2　泥岩模拟试验应力-应变曲线

的 78％时,剪切裂隙开始出现;当应力数值加载至峰值应力的 96％时,张拉裂隙开始出现,并快速增加。泥岩抗拉强度为 1.56 MPa,与实验室测试结果 1.52 MPa 的误差为 2.6％。

岩石弹性模量、抗压强度及抗拉强度的实测值和模拟值见表 5-2。泥岩试样的模拟值与实测值的误差均小于 5％,说明经研究标定的弱胶结岩石微观力学参数较为合理。

表 5-2　弱胶结岩石微观力学参数模拟值与实测值

类别	弹性模量/GPa		误差	岩块抗压强度/MPa		误差	岩块抗拉强度/MPa		误差
	实测值	模拟值		实测值	模拟值		实测值	模拟值	
泥岩	1.44	1.41	2.1%	18.16	18.56	2.2%	1.52	1.56	2.6%

5.1.2　弱胶结岩石采动损伤表征

　　岩石是矿物颗粒、孔隙裂隙结构以及胶结物构成的复合体,在长期水文地质应力作用下,岩石材料内部不可避免地伴随着大小不一、形状各异的微观孔隙以及裂纹。岩石受载后失稳破坏与其受力过程中内部微裂纹的发育状态密切相关。因此,采用损伤理论分析岩石等材料受载后状态,已被认为是最有效的研究方法之一。

　　损伤变量是岩体结构特征与力学性能间相联系的纽带,是任何损伤力学开展定量研究的前提和基础。节理岩体损伤变量选择原则:既要较真实地刻画岩体内部受力后损伤的特征,又要具备实际工程应用领域的可行性。大量室内试验以及研究结果均已表明,煤岩体内部细观结构特征是决定煤岩受载后产生变形及破坏的主控因素[176-179]。煤岩体材料在细观上呈现出非均质性,力学特性服从 Weibull 分布,据此可定义为损伤变量。目前,众多学者使用岩石压缩条件下声发射振铃参数进行岩石损伤演化的研究,获得了丰富的成果。张茹、李庶林、谢强等[176-178]通过分析岩石破裂过程中声发射振铃参数,构建了声发射特征参数的准脆性岩石损伤演化模型。杨永杰等[179]通过分析灰岩三轴压缩过程中声发射数据,建立了以累计振铃数为表征参数的岩石材料损伤本构模型。

　　为建立弱胶结岩石采动损伤的有效表征方法,基于第 2 章基本岩石力学测试结果,采用 MTS815.03 电液伺服岩石力学实验系统和 AE21C 声发射监测仪对伊犁矿区泥岩隔水层试样进行低围压(1.0 MPa)三轴压缩实验过程的声发射监测。根据测试结果,得到泥岩三轴压缩应力-应变-声发射损伤关系曲线如图 5-3 所示。基于岩石力学试验相关研究中对声发射信息的解译,以声发射累计振铃计数为特征参数对岩石进行损伤演化破坏分析[179],可以较好地反映岩石内部裂隙萌生、扩展至破坏的渐进演化过程。泥岩隔水层试样在常规三轴压缩条件下的微裂隙萌生、扩展至贯穿到最后的沿宏观断裂面错动,可视为一个渐进发展演化的过程:泥岩的声发射损伤破坏演化(可以分为微裂隙的萌生和演化阶段)、微破裂稳定发展直至出现贯通性大尺度裂纹,再由裂纹扩展到岩样整体宏观破裂。

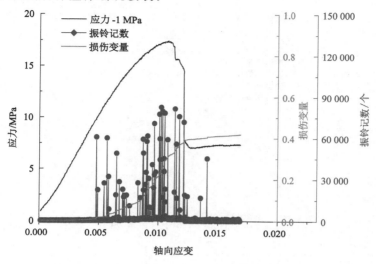

图 5-3　泥岩三轴压缩声发射实验损伤-应变关系曲线

　　由于煤岩体损伤程度与其变形时内部微裂隙发育数量和贯通比例密切相关,本书以煤岩体内裂隙发育密度及贯穿度来综合衡量表征采动岩体的损伤程度。Trigon 模型中将"损害"D_i定义为失效块接触长度(剪切或拉伸)与所有块体长度之比,采用三轴压缩声发射损伤模型 D 进行修正。图 5-4 为数值反演泥岩试样在三轴压缩及巴西劈裂试验损伤-应变关系曲线。

$$D_i = k \frac{L_s + L_n}{L}$$

式中　L_s——不同阶段累计张拉裂隙长度;

　　　　L_n——不同阶段累计剪切裂隙长度;

　　　　L——累计裂隙长度;

　　　　k——修正系数。

$$D_i = D = \left(1 - \frac{\sigma_c}{\sigma_p}\right) \frac{C_d}{C_o}$$

式中　D——基于声发射测试确定的岩石损伤值;

　　　　σ_p——峰值强度;

　　　　σ_c——残余强度;

　　　　C_o——累计声发射振铃计数;

　　　　C_d——不同阶段的累计声发射振铃计数。

$$k = (1 - \frac{\sigma_c}{\sigma_p}) \frac{C_d L}{C_o(L_s + L_n)}$$

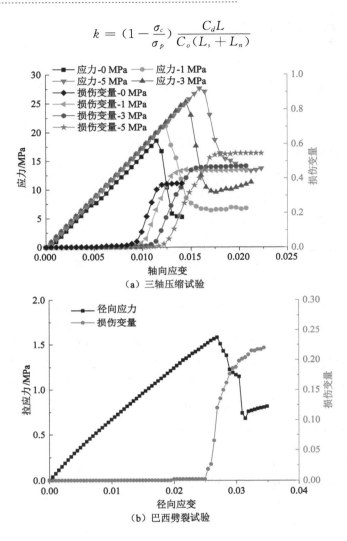

（a）三轴压缩试验

（b）巴西劈裂试验

图 5-4　泥岩模拟三轴压缩及巴西劈裂试验损伤-应变关系曲线

从图 5-4 可以看出，采用以煤岩体内裂隙发育密度及贯穿度来衡量岩体的损伤程度与泥岩三轴压缩声发射损伤模型具有相同的损伤演化过程。Trigon 模型的损伤演化过程大致可划分 4 个阶段，分别为：

① 初始损伤阶段，损伤变量数值较小，可忽略不计；

② 损伤稳定发展阶段，当应力数值达到峰值应力的 20%～40% 时，损伤变量稳定增加；

③ 损伤快速发展阶段,当应力数值增加到峰值应力的 70%～80% 时,损伤变量开始急剧增长,接近直线形态,当应力数值增加到峰值应力的 80%～90% 时,损伤变量增速变缓,最终出现宏观裂纹;

④ 损伤破坏阶段,损伤变量数值趋于稳定,试件仍然有一定的承载能力,试件沿宏观断裂面产生滑移,试件产生较大横向变形。

Trigon 模型模拟泥岩三轴压缩试验时,随着围压的增加,试件发生破坏时临界损伤变量增加。当围压分别为 0 MPa、1.0 MPa、3.0 MPa、5.0 MPa 时,试件发生破坏时临界损伤变量分别为 0.37、0.43、0.45、0.54。模拟泥岩巴西劈裂试验时,试件发生破坏时临界损伤变量为 0.12。

5.2　煤层组采动的隔水层损伤变形复合效应

5.2.1　煤层组采动数值模型构建

根据伊犁矿区煤系地层结构特征及前文第 3 章相似实验模型中隔水层变形特征,为尽可能地减少边界效应对计算结果造成的影响,结合 21-1、23-2 煤层开采岩层移动角,确定数值计算模型的左右边界,模型上部边界范围取至地表覆盖性黄土层,模型左右和底部边界设定为固定边界。

根据伊犁四矿地质探明和揭露程度最高的首采区工程地质条件,建立 UDEC 数值模型,泥岩隔水层采用边长为 1 的 Trigon 块体划分,数值模拟模型尺寸为:x 方向 300 m,y 方向 175 m,数值模型如图 5-5 所示。模型节理计算采用 Residual 屈服准则,块体采用弹性本构关系,模型各分层参数如表 5-3 所示。

煤层开挖过程中监测隔水层的变形和损伤规律是开展模拟实验的重要目标,因此煤层开挖前在隔水层中布置位移监测点和损伤监测区。模型中的位移观监测点按测线布置,每个测点之间间距 10 m,共布置 30 个测点,自右向左分别编号 1～30,模型中的损伤监测区按区域布置,每个监测区为长×宽 = 10 m×5 m 的长方形区域,共布置 30 个监测区域,自右向左分别编号 1～30。

为消除模型开挖过程中的边界效应影响,在模型左右边界各留设 40 m 煤柱。结合生产实际情况每间隔 8 000 时步进行一次煤层开挖,设置开挖步距为 10.0 m,相当于实际工作面每天推进 10.0 m。当 21-1 煤层开挖引起的覆岩采动稳定后转入 23-2 煤层开挖。由于模拟开挖的 21-1 和 23-2 两个煤层厚度分别为 5.0 m 和 10.0 m,结合第 3 章弱胶结覆岩"隔-阻-基"协同变形规律研究内

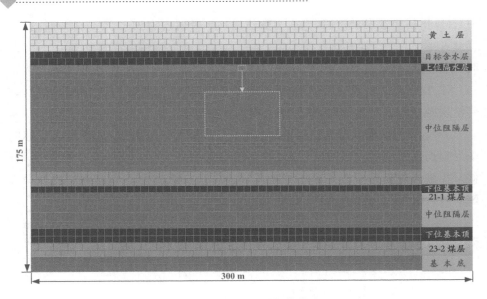

黄土层
目标含水层
上位隔水层
中位阻隔层
下位基本顶
21-1煤层
中位阻隔层
下位基本顶
23-2煤层
基本底

图 5-5   煤层组开采数值模型

容,围绕本章的研究目标,确定模型 21-1 和 23-2 煤层均采用一次采全厚开采,每层煤模拟开挖长度 220 m。

表 5-3   模型各分层岩体微观力学参数

序号	岩性	块体参数			接触面参数				
		密度 /(kg·m⁻³)	体积模 量/GPa	剪切模 量/GPa	法相刚 度/GPa	剪切刚 度/GPa	内摩擦 角/(°)	内聚力 /MPa	抗拉强 度/MPa
J13	黄土层	2 350	0.38	0.15	0.31	0.14	13	0	0
J12	砂砾层	2 100	0.46	0.28	0.25	0.11	15	0	0
J11	泥岩	2 000	0.88	0.52	4.84	1.94	16	8.7	1.8
J10	含砾粗砂	2 600	0.96	0.58	0.69	0.28	15	0	0
J9	砂质泥岩	2 100	0.88	0.52	1.38	0.55	4	0	0
J8	泥岩	2 000	0.96	0.58	1.21	0.48	10	0	0
J7	细砂岩	2 100	0.82	0.50	0.37	0.20	3	0	0
J6	21-1 煤	1 300	0.46	0.28	0.25	0.11	18	0	0
J5	中砂岩	2 100	0.96	0.58	0.614	0.296	16	0	0
J4	砂质泥岩	2 100	0.88	0.52	0.57	0.23	4	0	0
J3	泥岩	2 000	0.88	0.52	1.94	0.77	3	0	0

表 5-3(续)

序号	岩性	块体参数			接触面参数				
		密度 /(kg · m⁻³)	体积模量/GPa	剪切模量/GPa	法相刚度/GPa	剪切刚度/GPa	内摩擦角/(°)	内聚力/MPa	抗拉强度/MPa
J2	23-2 煤	1 300	0.46	0.28	0.25	0.11	18	0	0
J1	粉砂岩	2 100	0.96	0.58	0.37	0.21	18	0	0

5.2.2　单层采动下隔水层损伤变形特征

（1）隔水层变形及微裂隙发育特征

模型开挖过程中,分别选取工作面切眼附近(距切眼水平距离 5 m、35 m、55 m)、切眼与停采线中部附近(距切眼水平距离 105 m、115 m)、停采线附近(距切眼水平距离 175 m、195 m、215 m)位置的隔水层划定为损伤监测区,分析各典型监测区域的隔水层随 21-1 煤层工作面推进过程中剪切裂隙和张拉裂隙变化特征。21-1 煤层工作面回采过程中,隔水层的水平位移、垂直位移如图 5-6 所示。对比"3.2.3 覆岩隔水层变形特征",可见 21-1 煤层开采时隔水层变形特征的数值模拟结果与前文相似模拟实验所得规律基本一致。

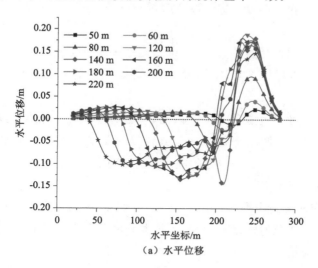

图 5-6　21-1 煤层开采过程中隔水层变形特征

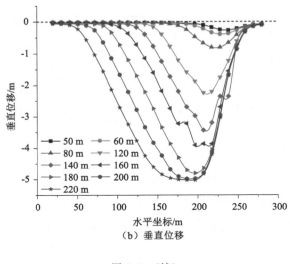

（b）垂直位移

图 5-6 （续）

图 5-7 为 21-1 煤层工作面回采过程中,不同推进距离条件下隔水层微裂隙累计发育特征。随着 21-1 煤层工作面推进,各典型区段隔水层累积裂隙发育具有剪切裂隙先于张拉裂隙产生,张拉裂隙远大于剪切裂隙数量的特点,具体包括:

① 当工作面推进距离大于 130 m 时,距切眼附近位置的隔水层剪切裂隙和张拉裂隙数量基本保持不变,距切眼 55 m 处隔水层剪切裂隙和张拉裂隙数量则持续增加。

② 当工作面推进距离小于 140 m 时,切眼与停采线中部附近隔水层损伤微裂隙发育特征是距切眼水平距离 105 m 位置的隔水层张拉裂隙出现时间和增长速率均高于距切眼 115 m 位置的隔水层;工作面推进距离超过 140 m,后者增长速率则明显高于前者。

③ 当工作面推进距离超过 160 m 时,距切眼水平距离 175 m 位置的隔水层最先产生张拉裂隙但数量最少,距切眼水平距离 195 m 位置的隔水层张拉裂隙增加速率则最快。

随着 21-1 煤层工作面的不断推进回采,隔水层中的损伤微裂隙逐渐闭合。隔水层各损伤监测区段闭合后裂隙特征如图 5-8 所示,可以看出隔水层张拉裂隙远大于剪切裂隙数量,剪切裂隙几乎完全闭合。初始阶段张拉裂隙与累积张拉裂隙一致,但工作面推进一定距离后,因部分微裂隙闭合,采动阶段隔水层的

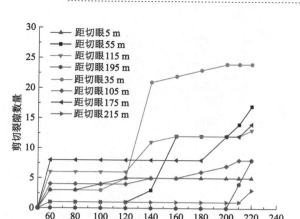

（a）剪切裂隙数量

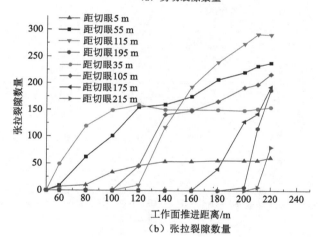

（b）张拉裂隙数量

图 5-7　21-1 煤层工作面推进距离不同位置处隔水层累积裂隙特征

张拉裂隙数量明显低于累计张拉裂隙数量。具体特征包括：

① 当工作面推进距离超过 130 m 时，在工作面切眼附近（切眼水平距离 5 m、35 m、55 m 损伤监测区段）位置附近的隔水层张拉裂隙数量保持不变。

② 当工作面推进距离大于 140 m 小于 190 m 时，在切眼与停采线中部附近位置隔水层张拉裂隙保持不变；当工作面推进距离大于 190 m 时，隔水层张拉裂隙则持续减小。

③ 停采线附近位置隔水层与累积裂隙特征差别不大。

21-1 煤层工作面回采至停采线位置（自切眼推进 220 m）时，煤层不再进行

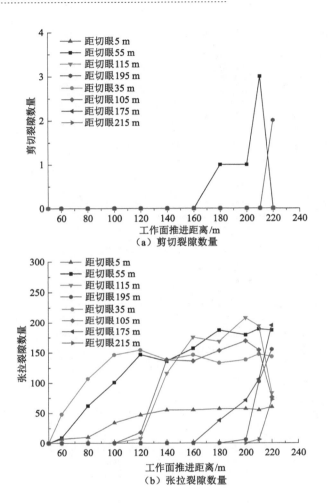

图 5-8　21-1 煤层工作面回采过程隔水层微裂隙数量变化特征

开挖,覆岩活动逐渐趋于稳定,隔水层累积裂隙和采动稳定之后裂隙发育特征
如图 5-9 所示。由图 5-9(a)可以看出,隔水层各损伤监测区段累积裂隙都较为
发育,工作面切眼附近上方位置(距切眼水平距离 55 m)隔水层裂隙发育最密
集,其次为切眼与停采线中部附近上方位置(距切眼水平距离 115 m)隔水层裂
隙较发育。由图 5-9(b)可以看出,采动稳定后隔水层各损伤监测区段的闭合后
裂隙差别较大,但工作面切眼附近上方位置(距切眼水平距离 55 m)隔水层裂隙
仍然十分发育,停采线附近位置上方(距切眼水平距离 175 m)隔水层裂隙发育

次之,切眼与停采线中部附近上方位置(距切眼水平距离 115 m)裂隙发育数量最少。

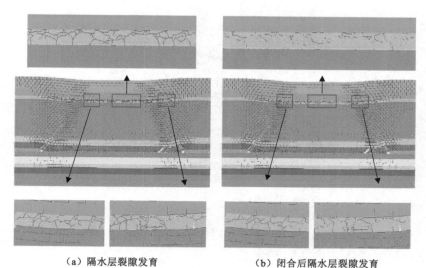

（a）隔水层裂隙发育　　　　　　　　（b）闭合后隔水层裂隙发育

图 5-9　21-1 煤层回采结束隔水层裂隙发育特征

由此可见,21-1 煤层工作面回采过程中,隔水层中部位置随上覆岩层的沉降稳定可以部分闭合,而工作面切眼和停采线附近隔水层则由于变形剧烈、离层较大而无法重新闭合。

（2）隔水层采动损伤特征

21-1 煤层工作面回采过程中隔水层的采动损伤特征如图 5-10 所示。可以看出,随着 21-1 煤层工作面推进,不同位置处隔水层损伤差别较大,覆岩隔水层破坏形式以张拉破坏为主。结合 5.1 节提出的“弱胶结岩石损伤表征方法”,隔水层发生破坏时临界损伤变量为 0.12。

由图 5-10(a)可以看出,21-1 煤层工作面回采过程中各隔水层损伤监测区段的累积损伤逐渐增加,距切眼水平距离 5 m 和 215 m 位置隔水层损伤变量始终小于 0.12,表明该区域隔水层未破坏。当工作面推过一定距离后,隔水层损伤监测区段的损伤变量大于 0.12,表明该区域隔水层发生了不同程度损伤破坏,在距切眼水平距离 55 m 位置的隔水层损伤变量远大于其他位置。

工作面推进至停采线过程中,采动覆岩随着沉降而逐渐稳定,隔水层裂隙亦渐序闭合。由图 5-10(b)可见:

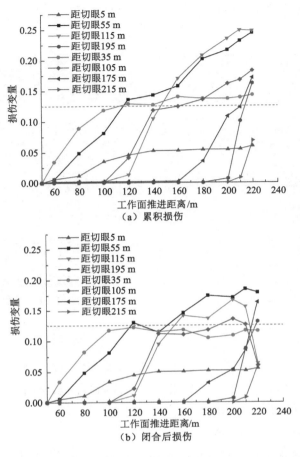

图 5-10 21-1 煤层工作面推进距离不同位置处隔水层损伤特征

① 21-1 煤层工作面推进距离小于 120 m 时,隔水层闭合后损伤变量和累积损伤变量差别不明显;当 21-1 煤层工作面推进距离大于 120 m 时,切眼附近(距切眼水平距离 55 m)、切眼与停采线中部附近(距切眼水平距离 105 m、115 m)位置隔水层微裂隙渐序闭合阶段的损伤变量缓慢增加。

② 21-1 煤层工作面推进距离超过 190 m 时,随着隔水层微裂隙逐渐闭合,隔水层的损伤变量开始减小。在切眼与停采线中部附近位置的隔水层损伤监测区段减小幅度最大,停采线附近位置隔水层微裂隙闭合后的损伤变量和累积损伤变量始终差别不大。

21-1 煤层工作面回采过程中,隔水层不同区域段的损伤变量值分布情况如

图 5-11 所示。由图 5-11(a)可知,21-1 煤层工作面回采 50 m 时,隔水层各监测区域的累积损伤变量为 0,即隔水层未损伤;工作面推进距离大于 50 m 小于 100 m 时,采空区上方一定范围内隔水层出现不同程度损伤但小于临界损伤变量(0.12),即表明隔水层产生损伤但未发生破坏;21-1 煤层工作面推进距离大于 100 m 时,采空区上方一定范围隔水层损伤变量大于 0.12,即表示该区域隔水层已经出现宏观破坏。21-1 煤层工作面推进 220 m 到达停采线时,上覆岩层逐渐沉降稳定,距离原工作面切眼水平距离 27 m 和 205 m 位置的隔水层发生了破坏。

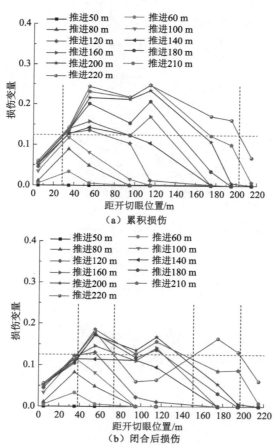

图 5-11　距 21-1 煤层工作面切眼不同位置处隔水层损伤特征

由图 5-11(b)可知,21-1 煤层工作面推进距离大于 50 m 小于 100 m 时,采空区上方隔水层闭合后损伤程度与累积损伤差别不大。当工作面推进距离大于 100 m 时,采空区上方一定范围隔水层损伤变量大于 0.12 即该区域隔水层发生破坏。21-1 煤层工作面推进至 220 m 覆岩稳定后,距离原工作面切眼水平距离 35~75 m 和 150~195 m 区段范围隔水层发生破坏,距离原工作面切眼水平距离 75~150 m 范围隔水层重新闭合,恢复隔水稳定性。

5.2.3 煤层组开采隔水层损伤变形复合效应

（1）二次采动影响下隔水层变形特征

21-1 煤层工作面回采完毕,对数值模型运算至应力平衡后,进行 23-2 煤层开挖。为实现模型开挖的有效计算,23-2 煤层采用一次采全厚开采方式,在工作面不同推进距离时的水平位移、垂直位移变化情况如图 5-12 所示。

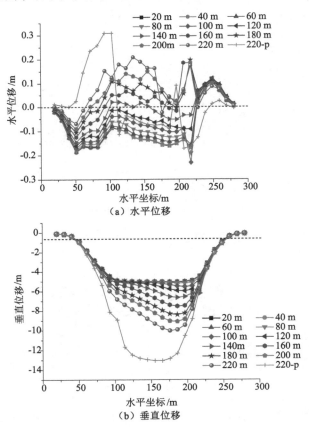

图 5-12 23-2 煤层采动条件下隔水层变形特征

　　结合"3.2.3覆岩隔水层变形特征"，对比可见 23-2 煤层开采时隔水层变形特征的数值模拟结果与前文相似模拟实验所得规律基本一致。23-2 煤层工作面回采过程中，通过对隔水层的变形和微裂隙发育情况进行监测，在不同推进距离时，隔水层各位置的剪切和张拉微裂隙累积发育数量如图 5-13 所示。23-2 煤层工作面推进至停采线位置，上覆岩层活动逐渐趋于稳定，隔水层发育的部分裂隙亦发生闭合，隔水层微裂隙发育类型及数量如图 5-14 所示。

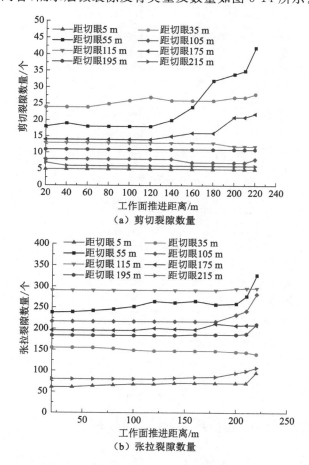

（a）剪切裂隙数量

（b）张拉裂隙数量

图 5-13　23-2 煤层工作面回采过程中隔水层微裂隙累积分布

　　由图 5-13，当 21-1 煤层开采引起的覆岩沉降稳定后，23-2 煤层工作面回采推进过程中，隔水层各监测区段的剪切和张拉微裂隙数量均有小幅增加。当工作面推进距离达到 140 m 时，切眼附近（与切眼水平距离 55 m）隔水层剪切微裂隙数量开始增加;工作面推进距离达到 180 m 时,停采线附近(与切眼水平距离 175 m)隔水层剪切微裂隙出现小幅增加。当工作面推进距离达到 200 m 时,切眼及初始下沉盆地的中部位置(与切眼水平距离 105 m 和 115 m)的隔水层张拉微裂隙数量出现了小幅的增加。

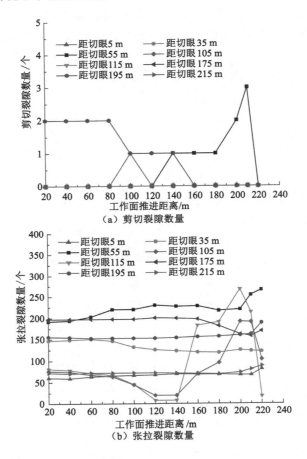

图 5-14 23-2 煤层覆岩采动稳定后隔水层微裂隙分布

由图 5-14,随着 23-2 煤层工作面回采推进,已采区域上覆岩层的活动逐渐稳定,隔水层监测区域部分微裂隙发生闭合。总体来看,隔水层中的张拉微裂隙数量远多于剪切微裂隙数量,且新增的剪切微裂隙几乎完全闭合,前期已发生闭合的部分张拉微裂隙则重新张开。隔水层各典型监测区域具有如下特征:

① 工作面推进过程中,切眼附近(与切眼水平距离 5 m、35 m)隔水层张拉

裂隙数量基本保持不变。当工作面推进至 200 m 时,切眼附近(与切眼水平距离 55 m)的隔水层张拉微裂隙开始增加。

② 当工作面推进到 80 m 时,初始下沉盆地中部(距切眼水平距离 105 m 和 115 m)位置隔水层监测区域的张拉微裂隙数量逐渐降低。随着工作面继续回采,当工作面推进距离达到 140 m 以后,隔水层张拉微裂隙数量逐渐增加。但是,当工作面推进距离超过 200 m 时,隔水层张拉微裂隙总数再次呈减少趋势。

③ 工作面推进至停采线附近(距切眼水平距离 175 m)时,停采线附近隔水层监测区段张拉微裂隙逐渐增加。当工作面推进距离超过 160 m 时,隔水层张拉微裂隙则逐渐减少,但是停采线附近位置隔水层微裂隙累积发育数量与采动稳定后的微裂隙发育数量差别并不明显。由此说明,当工作面停采线附近隔水层微裂隙并未随采动覆岩活动稳定而产生闭合。

23-2 煤层工作面回采 220 m 进入停采线以后,上覆岩层活动逐渐稳定,隔水层累积裂隙和闭合后裂隙发育特征如图 5-15 所示。结合"5.2.2 单层采动下隔水层损伤变形特征"可以看出:23-2 煤层开采过程中,虽然下沉盆地中部相对较小范围的隔水层微裂隙可以重新闭合,但是无论隔水层累积微裂隙发育数量,还是工作面采动覆岩沉降稳定后的隔水层微裂隙发育数量,23-2 煤层开采均远多于 21-1 煤层开采。由此说明,煤层组开采过程中,下位煤层开采引起的

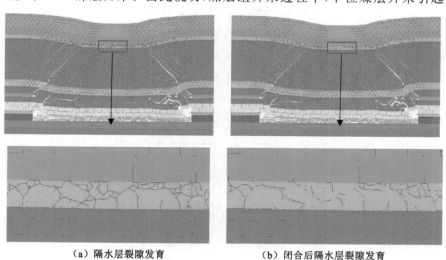

(a) 隔水层裂隙发育　　　　　　(b) 闭合后隔水层裂隙发育

图 5-15　23-2 煤层开采隔水层裂隙发育特征

隔水层变形程度较一次采动将更加显著和严重。

（2）二次采动影响下隔水层采动损伤演化

根据前文对隔水层损伤程度的定义，结合数值计算模型中隔水层各监测区域微裂隙滑移和张开统计结果。23-2 煤层回采过程中，工作面不同推进距离时隔水层累积损伤变化特征和隔水层微裂隙闭合后的损伤变化特征如图 5-16 所示。

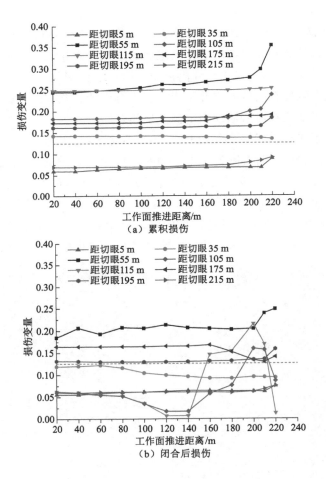

（a）累积损伤

（b）闭合后损伤

图 5-16　23-2 煤层开采隔水层损伤特征

由图 5-16(a)，21-1 煤层回采完毕，受开采扰动影响的覆岩活动稳定后，随着 23-2 煤层的开挖，隔水层各监测区域的累积损伤量的增幅较小。切眼和停采线上方隔水层(距切眼水平距离 5 m、215 m)的损伤变量始终小于 0.12,即该区域隔水层未遭到破坏;隔水层其他监测区域的初始损伤变量均大于 0.12,表明隔水层前期已发生过破坏。当工作面推进距离由 160 m 增加到 200 m 过程中,切眼附近(距切眼水平距离 55 m)、切眼与停采线中部附近(距切眼水平距离 105 m)隔水层、停采线附近(距切眼水平距离 195 m)隔水层的损伤变量快速增加,并远大于其他位置。

由图 5-16(b)可知,23-2 煤层工作面回采推进初期隔水层损伤变量基本保持稳定,随着工作面的推进隔水层损伤变量具有先减小后增大、再减小的变化趋势。具体如下:

① 切眼附近区域(距切眼水平距离 35 m)。当工作面推进距离超过 80 m 时,该区域隔水层损伤变量逐渐降低,表明前期形成的采动微裂隙发生了弥合自修复。随着工作面继续推进,该区域隔水层损伤变量基本保持稳定。

② 切眼与停采线中部附近(距切眼水平距离 105 m、115 m)。当工作面推进距离超过 80 m 时,该区域隔水层损伤变量逐渐降低,表明前期形成的采动微裂隙发生了弥合自修复。当工作面推进至 140 m 时,该隔水层损伤变量不断增长;工作面推进到 200 m 时,隔水层损伤变量逐渐减少,最终小于临界损伤变量,表明该区域隔水层经历了损伤发育和弥合自修复的过程。

③ 停采线附近(距切眼水平距离 175 m、195 m)。工作面前期回采过程中,该区域隔水层损伤变量基本保持不变,但损伤变量始终大于 0.12,表明该区域隔水层仍处于破坏状态。当工作面推进距离超过 200 m 时,损伤变量再次大幅增加,且不再减小。由此表明,该区域隔水层在工作面推过以后损伤破坏持续增加,且不随工作面回采结束而弥合自修复。

23-2 煤层工作面回采过程中,隔水层不同区域段的损伤变量值分布情况如图 5-17 所示。由图 5-17(a),23-2 煤层工作面不同推进距离时,采空区上方隔水层累计损伤破坏程度持续增加,但损伤范围变化并未明显增加。即,当采动覆岩活动稳定后,采空区上方 25～210 m 范围内隔水层发生破坏。由图 5-17(b),23-2 煤层工作面推进一定距离后 21-1 煤采空区上方已闭合裂隙重新张开,随着工作面持续推进,张开裂隙部分再次闭合。23-2 煤层工作面回采至停采线附近,上覆岩层活动稳定后,采空区上方与切眼水平距离 35～87 m、155～208 m 范围内隔水层发生破坏,采空区上方 87～155 m 范围内隔水层重新闭合。

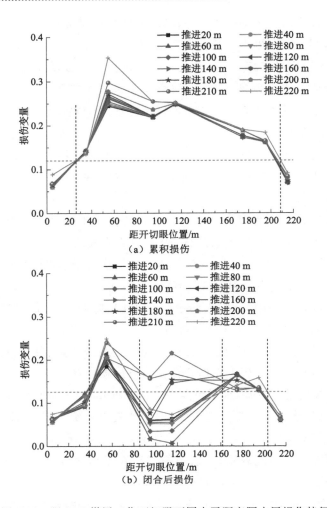

图 5-17 距 23-2 煤层工作面切眼不同水平距离隔水层损伤特征

5.3 基于隔水层变形的等效采厚

5.3.1 基于隔水层变形的等效采厚定义

煤系地层是典型的沉积岩层,煤岩体赋存的层状特征明显。一套煤系地层中通常含有多个煤层,由于成煤环境和条件的差异,煤层厚度和层间距不尽相同。已有研究结论表明,若煤系地层中赋存多个煤层,当各煤层间距足够大时开采扰动不会产生相互影响,而间距较小的煤层组或煤层群开采则会引起上覆岩层裂隙发育和移动规律的叠合影响[180],如图 5-18 所示。

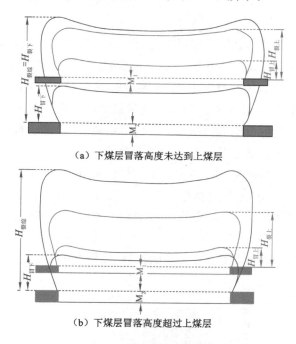

（a）下煤层冒落高度未达到上煤层

（b）下煤层冒落高度超过上煤层

图 5-18　近距离煤层开采覆岩破坏高度叠合[181]

　　为实现煤炭资源合理开采和建筑物、水体、铁路等的有效保护,相关学者针对近距离下位开采覆岩垮落带和裂隙带高度进行了研究和实测,提出了基于导水裂隙带发育的近距离煤层"综合采厚"的定义和计算方法[181]。此外,我国研究人员通过对比分析传统综采与充填综采的采场矿压与岩层移动(地表沉陷)的需要,引出"等价采高"的概念[182],即:等价采高为工作面采高减去采空区充填矸石压实后的高度。本书围绕弱胶结地层条件下保水开采研究目标,为合理表征和量化特厚煤层组开采引起的"上位隔水层"变形规律,在参考现有研究成果基础上拟针对近距离煤层开采提出基于隔水层变形的"等效采厚"初步定义。

　　广义定义:等效采厚为与煤层群开采导致的隔水层累积变形效果相同的假想单一煤层采厚。

　　狭义定义:针对一定层间距内的煤层群下行开采,根据下位煤层重复采动造成的隔水层变形增量,将下位煤层采厚等效为可以引起相同隔水层变形效果

的上位煤层采厚增量,将此时的上位煤层实际采厚及采厚增量之和称之为等效
采厚。

5.3.2 煤层组开采的等效采厚分析

构建合理力学模型是计算煤层组等效采厚的前提与基础,结合采动覆岩卸荷膨胀定义[183],对采动煤岩层做出如下假设:① 塑性膨胀区内垮落煤岩遵循破碎岩体变形规律;② 弹性膨胀区内煤岩视为弹性体,遵循广义胡克定律;③ 破断煤岩载荷传递系数为1,即破断煤岩层载荷完全传递至采空区。

煤系地层通常由性质不同的多个煤岩层组成,基于采动覆岩卸荷膨胀累计效应理论及试验研究结论[183-185],针对煤层组开采覆岩活动特征,构建阻隔层卸荷膨胀累积效应力学模型(图5-19)。根据假设条件,力学模型中塑性膨胀区内岩性相似,弹性膨胀区内岩性相似。根据阻隔岩层具有成组运动特征,存在沿层面方向的水平剪应力,因此阻隔层煤岩将产生剪胀效应[186],但是与土体相比,基岩剪胀效应较弱,且微弱膨胀区卸压程度低、卸荷膨胀量较小,故本书仅考虑煤层组间岩体的卸荷膨胀量,不考虑 M_1 煤层上覆岩层的剪胀效应。

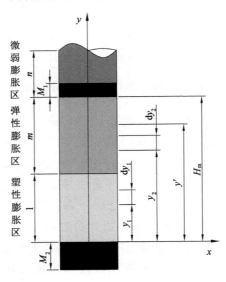

图 5-19 阻隔层卸荷膨胀累积效应力学模型

根据图 5-19,M_2 煤层上部 y' 范围内的煤岩膨胀量可表示为:

$$f(y') = \int_0^l (K_{y_1} - 1)\mathrm{d}y_1 + \int_l^{y'} (K_{y_2} - 1)\mathrm{d}y_2 \qquad (5\text{-}1)$$

式中　$f(y')$——y' 范围内的煤岩膨胀量，m；

　　　l——塑性膨胀区高度，m；

　　　K_{y_1}——塑性膨胀区内距离开采层 y_1 处的煤岩碎胀系数；

　　　K_{y_2}——弹性膨胀区内距离开采层 y_2 处的煤岩碎胀系数。

由 Salamon 对破碎岩体变形特征研究[187]，垮落岩体应力应变关系可表示为：

$$\sigma_1 = E_0 \varepsilon_1 / (1 - \varepsilon_1 / \varepsilon_{m1}) \tag{5-2}$$

式中　σ_1——轴向应力，Pa；

　　　E_0——初始切线模量，$E_0 = 10.39 \sigma_c^{1.042} (1 - \varepsilon_{m1})$[187-188]，Pa；

　　　ε_1——轴向应变；

　　　ε_{m1}——最大可能的轴向应变，此处指碎胀煤岩相对于原始煤岩应变；

　　　σ_c——垮落岩体块体强度，Pa。

假设塑性膨胀区煤岩在原始地应力作用下的厚度为 h_m，该煤岩垮落碎胀后不受外力作用条件下的厚度为 H，该煤岩垮落后在垂直应力为 σ_1 条件下的厚度为 h，则：

$$K_0 = \frac{H}{h_m}, \varepsilon_{m1} = \frac{K_0 - 1}{K_0}, K_{y_1} = \frac{h}{h_m}, \varepsilon_1 = \frac{H - h}{H} \tag{5-3}$$

式中　K_0——初始碎胀系数；

　　　K_{y_1}——垂直应力 σ_1 条件下的煤岩碎胀系数。

由 $h = K_{y_1} h_m$，可得：

$$\varepsilon_1 = \frac{H - K_{y_1} h_m}{H} = 1 - \frac{K_{y_1} h_m}{H} = 1 - \frac{K_{y_1}}{K_0} \tag{5-4}$$

将式(5-4)，(5-3)代入式(5-2)可得

$$\sigma_1 = E_0 (K_0 - K_{y_1})(K_0 - 1) / [K_0 (K_{y_1} - 1)] \tag{5-5}$$

由式(5-5)，可得塑性膨胀区内垮落煤岩碎胀系数与上覆煤岩载荷之间的函数关系为：

$$K_{y_1} = [E_0 K_0 (K_0 - 1) + K_0 \sigma_1] / E_0 (K_0 - 1) + K_0 \sigma_1 \tag{5-6}$$

另一方面，在弹性变形区内距离煤层底板 y_2 处取微元 $\mathrm{d}y_2$，$\mathrm{d}y_2$ 为原岩应力状态下的长度。当该微元垂直方向上承受原岩应力下 σ_y 时，假设该微元侧向变形被完全限制，该微元侧向会产生 $\mu \sigma_y$ 的水平应力。假设该微元在不受力时的长度为 S_0，因此

$$S_0 - \frac{\sigma_y (1 - 2\mu^2)}{E_2} S_0 = \mathrm{d}y_2 \tag{5-7}$$

在 σ_2 作用下，该微元的长度为

$$S_0 - \frac{\sigma_2(1-2\mu^2)}{E_2}S_0 = dy'_2 \tag{5-8}$$

因此，在 σ_2 作用下弹性膨胀区内距离开采层 y_2 处的煤岩碎胀系数为

$$K_{y_2} = \frac{dy'_2}{dy_2} = \frac{E_2 - \sigma_2(1-2\mu^2)}{E_2 - \sigma_y(1-2\mu^2)} \tag{5-9}$$

将式(5-9)与式(5-6)代入式(5-1)，可得开采层上部 y' 范围内的煤岩膨胀量为

$$f(y') = \int_0^l \left(\frac{E_0 K_0(K_0-1) + K_0\sigma_1}{E_0(K_0-1) + K_0\sigma_1} - 1\right)dy_1 + \int_0^l \left(\frac{E_2 - \sigma_2(1-2\mu^2)}{E_2 - \sigma_y(1-2\mu^2)} - 1\right)dy_2 \tag{5-10}$$

将 $\sigma_1 = \gamma_1(l-y_1) + \gamma_2(y'-l)$，$\sigma_2 = \gamma_2(y'-y_2)$，$\sigma_y = n\gamma_3 + (l+m-y_2)\gamma_2$ 代入式(5-10)积分可得：

$$f(y') = -\frac{E_0(K_0-1)^2}{K_0\gamma_1} \times \ln\left|\frac{K_0\gamma_2(y'-l) + E_0(K_0-1)}{K_0\gamma_1 l + K_0\gamma_2(y'-l) + E_0(K_0-1)}\right| +$$

$$\frac{n\gamma_3 + (l+m-y')\gamma_2}{\gamma_2} \times \ln\left|\frac{E_2 - (1-2\mu^2)[n\gamma_3 + (l+m-y')\gamma_2]}{E_2 - (1-2\mu^2)[n\gamma_3 + m\gamma_2]}\right| \tag{5-11}$$

式中　　γ_1——塑性膨胀区煤岩体容重，N/m^3；

γ_2——弹性膨胀区煤岩体容重，N/m^3；

γ_3——微弱膨胀区煤岩体容重，N/m^3；

μ——弹性膨胀区煤岩泊松比。

$$M_{\text{等}} = M_1 + M_2 - f(H_m) \tag{5-12}$$

对于地层的移动和变形预计，我国煤矿根据实际应用，可以选择典型曲线法、负指数函数法和概率积分法等多种计算方法。《"三下"采煤规程》中给出了概率积分法的计算公式[181]。黏土层的移动变形预计可以借鉴这些方法，选择我国煤矿地表移动变形预计普遍采用的概率积分法，其计算公式如下：

$$W(x,y) = W_{\max}\iint_D \frac{1}{r^2} \cdot e^{-\pi\frac{(\eta-x)^2+(\zeta-y)^2}{r^2}} d\eta d\zeta \tag{5-13}$$

$$i_x(x,y) = W_{\max}\iint_D \frac{2\pi(\eta-x)}{r^4} \cdot e^{-\pi\frac{(\eta-x)^2+(\zeta-y)^2}{r^2}} d\eta d\zeta \tag{5-14}$$

$$i_y(x,y) = W_{\max}\iint_D \frac{2\pi(\zeta-y)}{r^4} \cdot e^{-\pi\frac{(\eta-x)^2+(\zeta-y)^2}{r^2}} d\eta d\zeta \tag{5-15}$$

$$K_x(x,y) = W_{max} \iint\limits_D \frac{2\pi}{r^4}\left(\frac{2\pi(\eta-x)^2}{r^4}-1\right) \cdot \mathrm{e}^{-\pi\frac{(\eta-x)^2+(\zeta-y)^2}{r^2}} \mathrm{d}\eta\mathrm{d}\zeta \qquad (5\text{-}16)$$

$$K_y(x,y) = W_{max} \iint\limits_D \frac{2\pi}{r^4}\left(\frac{2\pi(\eta-y)^2}{r^4}-1\right) \cdot \mathrm{e}^{-\pi\frac{(\eta-x)^2+(\zeta-y)^2}{r^2}} \mathrm{d}\eta\mathrm{d}\zeta \qquad (5\text{-}17)$$

$$U_x(x,y) = bW_{max} \iint\limits_D \frac{2\pi(\eta-x)}{r^3} \cdot \mathrm{e}^{-\pi\frac{(\eta-x)^2+(\zeta-y)^2}{r^2}} \mathrm{d}\eta\mathrm{d}\zeta \qquad (5\text{-}18)$$

$$U_y(x,y) = bW_{max} \iint\limits_D \frac{2\pi(\zeta-y)}{r^3} \cdot \mathrm{e}^{-\pi\frac{(\eta-x)^2+(\zeta-y)^2}{r^2}} \mathrm{d}\eta\mathrm{d}\zeta + W(x,y) \cdot \cot\theta_0$$

$$(5\text{-}19)$$

$$\varepsilon_x(x,y) = U_{max} \iint\limits_D \frac{2\pi}{r^3}\left(\frac{2\pi(\eta-x)^2}{r^2}-1\right) \cdot \mathrm{e}^{-\pi\frac{(\eta-x)^2+(\zeta-y)^2}{r^2}} \mathrm{d}\eta\mathrm{d}\zeta \qquad (5\text{-}20)$$

$$\varepsilon_y(x,y) = U_{max} \iint\limits_D \frac{2\pi}{r^3}\left(\frac{2\pi(\eta-y)^2}{r^2}-1\right) \cdot \mathrm{e}^{-\pi\frac{(\eta-x)^2+(\zeta-y)^2}{r^2}} \mathrm{d}\eta\mathrm{d}\zeta + i_y(x,y) \cdot \cot\theta$$

$$(5\text{-}21)$$

式中　$W(x,y)$——地表任意点的下沉值,mm;

$i_x(x,y)$、$i_y(x,y)$——地表任意点沿走向、倾向的倾斜值,mm/m;

$K_x(x,y)$、$K_y(x,y)$——地表任意点沿走向、倾向的曲率值,$10^{-3}/\mathrm{m}$;

$U_x(x,y)$、$U_y(x,y)$——地表任意点沿走向、倾向的水平移动值,mm;

$\varepsilon_x(x,y)$、$\varepsilon_y(x,y)$——地表任意点沿走向、倾向的水平变形值,mm/m;

D——开采煤层区域范围,m;

r——走向主断面上采空区边界和任意开采水平的主要影响半径,m。

根据上述计算公式,可获得半无限开采缓倾斜煤层地表下沉盆地的移动以及变形预计公式如式(5-22)~(5-26)。

最大下沉值:

$$W_{max} = M_等 q\cos\alpha,\mathrm{mm} \quad x=\infty \qquad (5\text{-}22)$$

最大倾斜值:

$$i_{max} = \frac{W_{max}}{r},\mathrm{mm/m} \quad x=0 \qquad (5\text{-}23)$$

最大曲率值:

$$K_{max} = \pm 1.52\frac{W_{max}}{r^2},10^{-3}/\mathrm{m} \quad x=\pm 0.4r \qquad (5\text{-}24)$$

最大水平移动值:

$$U_{max} = bW_{max},\mathrm{mm} \quad x=0 \qquad (5\text{-}25)$$

最大水平变形值：

$$\varepsilon_{\max} = \pm 1.52b \frac{W_{\max}}{r}, \text{mm/m} \quad x = \pm 0.4r \tag{5-26}$$

式中　$M_{等}$——采厚，m；

　　　　q——下沉系数；

　　　　α——煤层倾角，(°)；

　　　　b——水平移动系数；

　　　　r——等价计算工作面的主要影响半径，$r = H/\tan \beta$，m；

　　　　H——等价开采影响深度，为岩层与煤层顶板的垂直距离，m；

　　　　$\tan \beta$——主要影响角正切。

5.3.3　典型地层条件等效采厚计算

根据第 3 章关于伊犁四矿首采区内井田勘探钻孔 ZK001、ZK101、ZK304、ZK307、ZK402 所揭露地层岩性和厚度特征对首采区煤层组地层结构概化结果，进行等效采厚计算。首采区主采煤层为 21-1 煤层、23-2 煤层，煤层厚度分别为 5.0 m、10.0 m，煤间距为 25.0 m，如表 5-4 所示。

表 5-4　特厚煤层组地层参数

岩性	抗压强度/MPa	容重/(kN·m⁻³)	弹性模量/GPa	初始碎胀系数	残余碎胀系数	泊松比	实际厚度/m
21-1 煤	10.0	1 400	1.15	1.20		0.26	5.0
中砂岩	25.0	2 300	1.10	1.20	1.04	0.20	8.0
砂质泥岩	23.0	2 500	1.40	1.35	1.08	0.24	12.0
泥　岩	12.0	2 450	1.25	1.35	1.05	0.25	5.0
23-2 煤	8.0	1 400	1.14	1.20		0.26	10.0

忽略上层煤开采形成采空区影响，下层煤开采时根据经验公式，两层煤间距 25.0 m 范围内均属于垮落带范围，即位于塑性膨胀区。故式（5-11）可简化为：

$$f(H_m) = -\frac{E_0 (K_0 - 1)^2}{K_0 \gamma_1} \times ln \left| \frac{E_0 (K_0 - 1)}{K_0 \gamma_1 l + E_0 (K_0 - 1)} \right| \tag{5-27}$$

根据研究区实际工程地质条件，E_0 按厚度取加权平均值为 1.2 GPa，K_0 取中间值 1.05，γ_1 取 24.0 kN/m³，l 取 25.0 m。将参数代入式（5-27），计算得到塑性区膨胀量 $f(H_m) = 1.24$ m。将多组煤地层参数代入等效采厚计算公式(5-12),继而得到煤层组开采的等效采厚为 $M_{\text{等}} = 13.76$ m。

根据概率积分法中地层移动变形参数、泥岩隔水层变形几何特性及拉伸极限变形特征,提出泥岩隔水层拉伸变形隔水性评价指数,计算公式如下:

$$\varepsilon = \pm 1.52b \frac{W_{\max}}{r} \leqslant \varepsilon_{\max}$$

以伊犁四矿典型地层条件为例,采用隔水层拉伸变形评价指数,评价多组煤泥岩隔水层的采动影响下的隔水性变化。基于伊犁四矿采掘扰动下地表移动变形观测成果,以及第四系底部地层下沉系数和水平移动系数等主要参数均大于地表的客观事实(图 5-20),取定如下参数:下沉系数 $q = 0.90$;水平移动系数 $b = 0.40$;主要影响角正切 $\tan \beta = 1.98$;主要影响半径 $r = 50$ m。

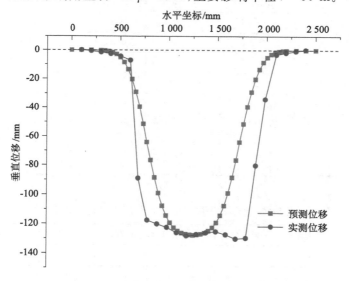

图 5-20　等效采厚下隔水层垂直位移

采用上述参数,结合概率积分法计算了隔水层的变形量以及应变量,由式(5-22)、式(5-26)推导出极限等效采厚计算式(5-28):

$$M_{\text{等max}} = \frac{rq\varepsilon_{\max}\cos\alpha}{1.52b} \tag{5-28}$$

综合应用上述计算式,计算得到隔水层下沉数值见表 5-5,隔水层应变量见表 5-6,典型地层等效采厚开采条件下隔水层拉伸应变数值大于泥岩隔水层拉伸变形隔水性评价指数,表明此时泥岩隔水层采后变形后隔水性丧失,这与前文物理模拟以及数值模拟结果一致。在表 5-4 中参数基础上,以泥岩隔水层拉伸变形隔水性评价指数为阈值,代入式(5-26)以及式(5-22),计算得到典型地层下的一次采全厚条件下的极限采厚为 4.58 m。

表 5-5 等效采厚下隔水层垂直位移值

$\dfrac{x}{r}$	$A\left(\dfrac{x}{r}\right)=\dfrac{W_x}{W_0}$		$W(x)$		x	
0.00	0.500 0	0.500 0	6.400 0	6.400 0	775	775
±0.1	0.598 9	0.401 1	7.665 9	5.134 1	815	740
±0.2	0.691 9	0.308 1	8.856 1	3.943 7	855	700
±0.3	0.773 9	0.226 1	9.905 9	2.894 1	895	660
±0.4	0.841 9	0.158 1	10.776 3	2.023 7	935	620
±0.5	0.894 9	0.105 1	11.454 7	1.345 3	975	580
±0.6	0.933 5	0.066 5	11.948 8	0.851 2	1 015	540
±0.7	0.960 1	0.039 9	12.289 3	0.510 7	1 055	500
±0.8	0.977 5	0.022 5	12.512 0	0.288 0	1 095	460
±0.9	0.987 9	0.012 1	12.645 1	0.154 9	1 135	420
±1.0	0.993 8	0.066 2	12.720 6	0.079 4	1 175	380
±1.1	0.997 1	0.002 9	12.762 9	0.037 1	1 215	340
±1.2	0.998 6	0.001 4	12.782 1	0.017 9	1 250	300

表 5-6 泥岩隔水层采动影响后隔水性评价结果

等效采厚/m	下沉系数	影响角正切	主要影响半径/m	拉伸应变	拉伸应变极限
13.76	0.9	2.42	50	0.157	0.002 3

5.4 弱胶结地层重复采动覆岩渗透性演化规律

为研究弱胶结地层煤层组开采过程中覆岩渗透性演化规律,基于"2.1.2 典型地层结构特征"部分内容及伊犁四矿含水层、隔水层分布条件,构建弱胶结地层数值计算模型[189],含水层水力参数如表 5-7 所示,含水层及隔水层分布特征如图 5-21 所示。根据研究目标,确定数值计算模型尺寸为:700.0 m×400.0 m×135.0 m,模型上边界施加 0.365 MPa 的荷载模拟松散层,固定其余边界的位移。为减少边界效应的影响,x 方向两侧各留 150.0 m,y 方向两侧各留

100.0 m。工作面开挖尺寸分别为 400.0 m×200.0 m×5.0 m 和 400.0 m×
200.0 m×10.0 m。以每次推进 10 m,每次开挖计算 4 000 步,对 21-1、23-2 煤
层均一次采全厚进行模拟。模拟下行开采,先开挖 21-1 煤层,再开挖 23-2 煤
层。根据"弱胶结岩石对开采扰动的力学响应机制"部分内容,确定数值计算模
型中各岩层力学参数见表 5-8。

表 5-7　煤系地层含水层水力参数

地层类别	单位涌水量/[L・(s・m)⁻¹]	渗透系数/(m・d⁻¹)
第四系(H₁)	0.79	1.28
古近系(H₂)	0.06~0.80	0.52~0.825

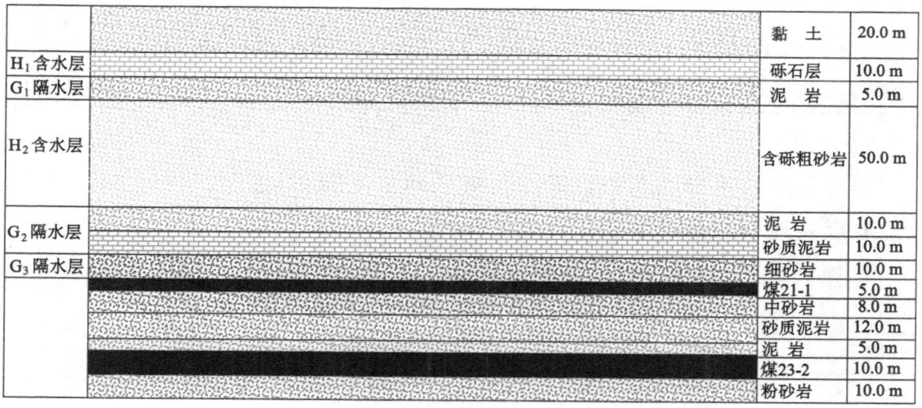

图 5-21　伊犁四矿含水层及隔水层分布

　　弱胶结地层砂岩、泥岩和砂质泥岩的单轴压缩强度与常规煤系地层同类岩
石相比明显较低,其在水的作用下强度将发生大幅降低,破坏前塑性破坏十分
明显。FLAC³ᴰ可用于分析采动岩体渗流场演化规律,为此采用该数值计算软
件开展水力耦合条件下采动覆岩活动规律和采动覆岩渗透性规律的研究。选
取摩尔-库伦(Mohr-Coulomb)强度准则作为模型岩体破断规律的本构关系。
数值计算模型中的流体采用各向同性(Isotropic)本构模型,默认组成岩体的单
元不可压缩,相对应的设置 FLAC³ᴰ 渗流数值模型参数包括:流体体积模量、孔
隙率以及岩层渗透性系数。模型中流体的密度为 1 000.0 kg/m³,体积模量为
2.0 GPa。

表 5-8　弱胶结煤系地层力学参数

岩性	密度 /(kg·m⁻³)	体积模量 /GPa	剪切模量 /GPa	黏聚力 /MPa	抗拉强度 /MPa	内摩擦角 /(°)	厚度 /m	埋深 /m
泥岩	2 300	2.5	5.5	2.4	1.2	40	5	35
含砾砂岩	2 200	24	15	2.1	0.9	28	50	85
泥岩	2 400	6.5	5.5	2.2	1.1	33	10	95
砂质泥岩	2 600	18.5	10	1.3	0.85	30	10	105
细砂岩	2 400	6.5	5.5	1.1	0.8	32	10	115
21-1 煤层	1 240	6.7	2.2	1.1	0.7	35	5	120
中砂岩	2 430	8.5	6.5	1.6	1.1	35	8	128
砂质泥岩	2 600	19.5	10.5	1.5	1.7	30	12	140
泥岩	2 500	7.8	5.5	2.8	1.4	33	5	145
23-2 煤层	1 240	8.5	6.5	1.6	1.1	40	10	155
粉砂岩	2 330	21.5	11.5	1.86	1.6	45	10	165

通过岩层容重和吸水率计算得到煤系地层孔隙率,按照不同岩性岩层的经验值取煤系地层的渗透率见表 5-9。

表 5-9　煤系地层孔隙率及渗透率

岩性	泥岩	含砾砂岩	泥岩	砂质泥岩	砂岩	
孔隙率	0.22	0.38	0.34	0.45	0.42	
渗透率	2.5E−15	1.2E−13	4.3E−13	3.8E−13	2.3E−13	
岩性	21-1 煤层	中砂岩	砂质泥岩	泥岩	23-2 煤层	粉砂岩
孔隙率	0.31	0.43	0.33	0.21	0.35	0.33
岩性	5.5E−13	12.5E−13	2.5E−14	1.1E−15	1.1E−13	2.5E−13

5.4.1　重复采动下采场围岩塑性破坏规律

煤层开挖打破了地层中的原始应力平衡状态,地层应力将重新分布。煤层开挖后,采空区上覆岩层失去支撑,其载荷向周围岩体转移,从而在采空区四周出现应力集中区,采区区上部则出现应力降低区。21-1、23-2 煤层开采工作面围岩垂直应力分布如图 5-22 所示,煤层开挖后工作面前后的覆岩出现应力集中区,采空区上方为应力降低区。

煤层开采过程中，沿工作面推进方向支承压力出现先增加再减小的趋势，支承压力峰值出现距离煤壁 5.0～10.0 m 的区域。在距离煤壁 40.0 m 时垂直应力恢复至原岩应力水平，支承应力峰值处应力集中系数最大达到 4.15。采空区上覆岩层中出现拉应力，最大拉应力出现在采空区中央上部，拉应力峰值达 0.9 MPa。

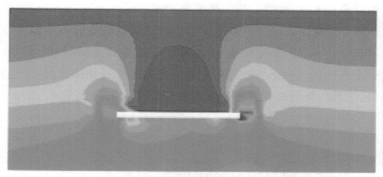

（a）21-1煤层工作面开采

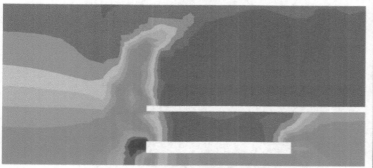

（b）23-2煤层工作面开采

图 5-22　采动覆岩垂直应力云图

21-1 煤层回采后，继续回采 23-2 煤层，23-2 煤层工作面周围应力集中区向下转移，工作面前方应力峰值出现在工作面前方 5.0～10.0 m 位置。由于 21-1 煤层开挖后其下部岩层处于卸压状态，因此 23-2 煤层开采时工作面前方应力集中程度较小。上下工作面重叠布置时，上部煤层开采在采空区形成的应力集中向下部煤层传递，形成较大的集中应力，应力集中系数达到 2.01。

5.4.2　采场围岩塑性破坏规律

21-1 煤层工作面推进 50.0 m 时，煤层覆岩塑性区发育高度 20.0 m，覆岩破坏形式主要为剪切破坏,仅顶部发生了少量张拉破坏。当工作面推进100.0 m时,覆岩塑性区高度25.0 m,采空区上覆岩层中产生大量张拉破坏区。煤层开采后在采空区四周出现自地表向下的张拉破坏区域,工作面中部自下而上形成破坏区域。21-1煤层工作面开挖150.0 m时,工作面四周自上而下发育的张拉破坏区域深度20 m,采空区覆岩中部自下而上发育的张拉破坏区域高度发育至距离工作面顶板45.0 m处。当工作面开挖至200.0 m时,工作面形成2处自上而下的连续张拉破坏区域。工作面中部上行破坏区域发育高度最大,最大发育高度达到70.0 m,工作面两侧自上而下发育的张拉破坏区深度约30.0 m。但此时上行破坏区和下行破坏区在空间上并未形成连续区域,当工作面推进300 m时,工作面附近破坏区域相互连通,图5-23。

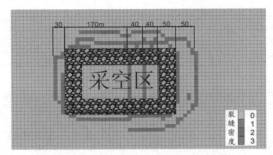

(a) 距离21-1煤顶板80 m(下行破坏区)

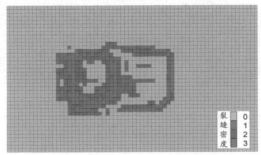

(b) 距离21-1煤顶板50 m(上行破坏区)

图 5-23　工作面推进开采 300 m 时覆岩裂隙发育切片

　　21-1煤层采空区下部23-2煤层工作面开挖时,23-2煤层顶板的塑性破坏区沿着21-1煤层开挖时底板的破坏区自上而下发育。由于伊新煤业两煤层间岩层平均厚度仅 25.0 m,且岩层胶结程度较差,当23-2煤层工作面推进至100.0 m时23-2煤层开挖产生的塑性区已经连通21-1煤层底板。

5.4.3　采空区覆岩裂隙发育规律

煤层开采扰动打破原始地应力平衡状态的同时也将打破围岩孔隙压力平衡，产生孔隙压力差，引起水体的渗流运移。由于煤层基岩上部砾石层存在水源补给，固定基岩顶部孔隙压力为 0.5 MPa。通过数值反演得到了不同开挖时步条件下煤层覆岩孔隙压力分布，如图 5-24 所示。21-1 煤层开挖后，采空区顶底板岩层中孔隙压力因开采扰动而下降，采空区上覆岩层孔隙压力则呈等值线下降趋势。随着工作面推进距离增大，覆岩孔隙压力降幅亦不断增大。当 21-1 煤层工作面推进至 400.0 m 时，煤层覆岩及采空区两侧孔隙压力均出现大幅下降。

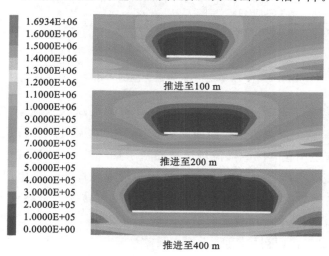

图 5-24　21-1 煤层不同推进距离围岩孔隙压力分布

当 21-1 煤层开采结束后，继续进行 23-2 煤层回采，由于 21-1 煤层采空区可能存在积水。为此，固定开采后的 21-1 煤层工作面底板孔隙压力 0.3 MPa，模拟 23-2 煤层回采时，煤层间岩层的孔隙压力变化和渗流状态。当 23-2 煤层工作面推进至 50.0 m 时，两煤层中间岩层中孔隙压力略有变化；当 23-2 煤层工作面推进至 100.0 m 时，23-2 煤层顶板局部区域出现了孔隙压力下降；当 23-2 煤层工作面推进至 150.0 m 时，下煤层顶部岩层孔隙压力大幅下降，如图 5-25 所示。

5.4.4　围岩孔隙压力变化规律

煤层开采过程中，其上覆的弱胶结地层在剧烈开采扰动下形成渗流通道，

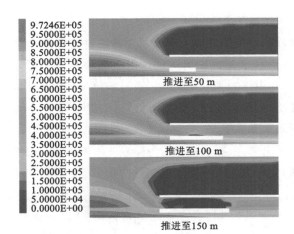

图 5-25　23-2 煤层不同推进距离围岩孔隙压力分布

使得地表水或地下水向采空区渗漏。根据模拟结果,21-1 煤层工作面开采后,地下水流速最快的区域为工作面四周约 30 m 范围区域。21-1 煤层开采后距离顶板约 50 m 范围覆岩区域渗流场流速发生了量级的变化,渗流扰动区域比采动塑性破坏区范围更大。煤层采空区覆岩中形成流向采空区中部的环向渗流圈,渗流方向随与顶板距离的增大逐渐由水平渗流转为垂直渗流流入采空区,渗流速度随着距采空区顶板垂向距离的增大而减小。

　21-1 煤层工作面初采期间,上覆岩层的渗流速度变化不大。当工作面推进距离由 150.0 m 增大至 200.0 m 时,顶板渗流速度逐渐增大;工作面推进距离达到 300.0 m 时,上覆岩层的渗流速度大幅增大;工作面推进至 400.0 m 时,工作面走向剖面渗流矢量如图 5-26 所示,覆岩最大流速达初始扰动期间的 2.1 倍[图 5-27(a)]。21-1 煤层工作面回采过程,采空区覆岩渗流速度随工作面推进

图 5-26　工作面推进至 400.0 m 时走向剖面渗流矢量

而降低,工作面推进 400.0 m 时,采空区覆岩渗流速度约降低到开采初期的 50%[图 5-27(b)]。

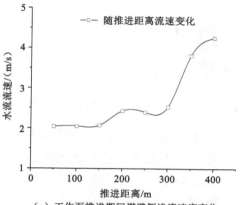

（a）工作面推进期间煤壁侧渗流速度变化

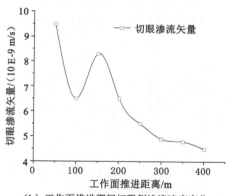

（b）工作面推进期间切眼侧渗流速度变化

图 5-27　工作面覆岩渗流速度变化特征

当 21-1 煤层工作面推进至 300.0 m 时,采空区覆岩上行和下行破坏区相连通,采空区覆岩渗流速度大幅度增加。由于 21-1 煤层回采后会形成采空区积水,固定 21-1 煤层孔隙压力为 0.3 MPa,模拟采空区形成的 3.0 m 水头压力。

当 23-2 煤层工作面推进至 50.0 m 时,煤层组间的岩层渗流速度无明显增加。工作面推进至 100.0 m 时,形成采空区中部渗流速度大、采空区两侧渗流速度小的扇形渗流场,扇形区域最大渗流速度约 2.0×10^{-9} m/s。当工作面推进至 150.0 m 时,扇形渗流区域最大渗流速度达 2.12×10^{-8} m/s,如图 5-28 所示。随着工作面的继续推进,煤层间岩层渗流矢量大小不再呈现扇形分布,渗

图 5-28　23-2 煤开挖至 100 m 时走向剖面渗流矢量

流场逐渐转变为煤壁侧,渗流速度大于采空区渗流速度(图 5-29)。23-2 煤层开采过程中,覆岩渗流矢量随工作面推进距离增大而增大,达到峰值后再逐渐减小,并趋于稳定,如图 5-30、图 5-31 所示。当 23-2 煤层工作面推进 150.0 m 时,顶板最大渗流矢量达到峰值。

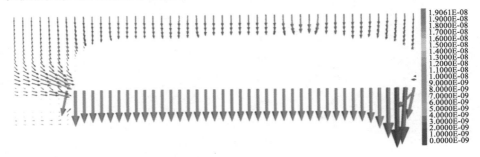

图 5-29　23-2 煤开挖至 400.0 m 时走向剖面渗流矢量

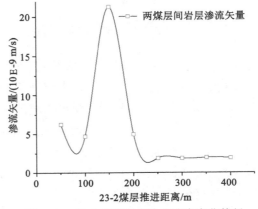

图 5-30　23-2 煤层覆岩渗流速度变化特征

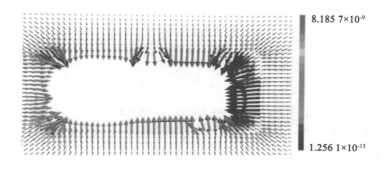

8.185 7×10⁻⁹

1.256 1×10⁻¹³

图 5-31　23-2 煤工作面推进 400 m 时距顶板 20 m 水平剖面渗流矢量

5.5　本章小结

（1）煤岩体细观结构是决定煤岩发生变形及破坏的主要因素，为了定量刻画损伤力学特性，提出以煤岩体内裂隙发育密度及贯穿度来综合衡量表征采动岩体的损伤程度，采用典型岩石力学数值模拟试验（单轴压缩试验和巴西劈裂试验），将数值模拟实验与实验室测试结果进行对比，计算结果与三轴压缩声发射损伤模型 D 表现出较好的一致性，验证了本书确定损伤指标的可靠性与合理性。

（2）构建了煤层组采动数值计算模型，定量分析了单层采动以及重复采动调件下隔水层水平变形、倾斜以及裂隙发育形态，以本书提出的损伤指标研究了工作面推进距离不同位置处隔水层累积损伤特征以及隔水层闭合后损伤特征，揭示了煤层组采动隔水层劣化损伤演化机制。

（3）围绕弱胶结地层多组煤开采上覆岩层裂隙发育和移动规律，从广义以及狭义两方面给出了多组煤等效采厚的定义。构建了力学模型，以上位煤层组以下煤岩的累积卸荷膨胀量为切入点推导了多组煤的等效采厚计算公式，结合典型地层条件进行了等效采厚的计算，以隔水层拉伸变形阈值给出了典型地层条件下的极限采厚。

（4）分析了重复开采扰动下弱胶结煤系地层覆岩的应力分布特征、塑性破坏区发育及渗透性演化规律。重复开采扰动下，弱胶结地层采动覆岩的孔隙压力大幅下降，渗流场呈现采空区四周渗流速度大于采空区中部渗流速度、采空区煤壁侧的渗流速度大于两侧和切眼侧渗流速度，当上行和下行破坏区连通时渗流速度大幅增大。煤层组间岩层未破坏贯通前，积水采空区下煤层采动顶板渗流场呈扇形，层间岩层破坏区贯通后最大渗流速度区位于工作面前方。

第6章 伊犁矿区特厚煤层保水开采方法分类

　　煤系地层沉积形成是一个长期的过程,该过程中因沉积环境变化和地质构造运动影响,一定区域范围地层的煤岩地质特征参数将会发生不同程度变化。针对不同的煤岩地质条件应采取不同的技术措施才能实现目标含水层的有效保护,为此有必要对地质条件及保水开采方法适用性进行分类。本章主要基于前文对弱胶结地层特厚煤层保水开采机理研究的相关结论,针对伊犁矿区地层结构特点划分矿区地质类型并提出与之相适应的保水开采方法。

6.1 伊犁矿区保水开采地质条件分类

6.1.1 保水开采地质因素分析

　　保水开采的实现是在具体地质条件下因地制宜地确定煤层开采方法和工艺,因此进行矿区地质类型划分则是确定合理保水开采方法的前提。根据相关研究结论[129],影响保水开采的地质因素总体可以分为水文地质因素和地层结构特征因素两类。具体来说,对保水开采影响显著的水文地质因素主要包括:含水层的补径排条件以及隔水层的赋存特征。根据第4章研究结果,对保水开采影响显著的地层结构特征因素则主要是煤层和基岩的厚度、力学性质和空间关系等特征。

　　(1)矿区水文地质因素

　　伊犁河是流经伊犁矿区最大的常年性地表水体,也是伊犁盆地及新疆流量最大的河流,自西向东横亘在伊犁盆地中间。伊犁盆地地形总体呈三面高而逐向东收敛、渐向西撒开的簸箕状地形,矿区包含的伊南、伊北煤田分别位于伊犁盆地南缘和北缘,地形结构来看均为单斜构造,各自均独立构成了一个基本完整的水文地质单元。由本书中研究区水文地质特征初步分析,可知伊犁矿区煤系地层较稳定分布 $H_1 \sim H_5$ 含水层,其中 H_1(H_{1-1}、H_{1-2})含水层属第四系浅表含水层,入渗补给源主要为大气降水和冰雪融水,是伊犁矿区亟待保护的目标含水层。伊犁矿区第四系 H_1 含水层底部较稳定的赋存以泥岩为主的新近系地层(厚度 0.5~266 m),是矿区的目标含水层的主要隔水层。

根据地势特征,伊犁盆地可分为 5 类地貌单元,分别为高山区、山前丘陵区、倾斜平原区、阶地平原区及伊犁河阶地河漫滩区。由于 H_1 含水层主要接受大气降水及南、北山雪水渗透补给。伊犁矿区所包含的伊南、伊北煤田总体位于伊犁河两岸的丘陵和倾斜平原过渡带,区域水文地质概况如图 6-1 所示。

总体来看,伊犁矿区地形结构均为单斜构造,伊南煤田和伊北煤田各自均独立构成了一个基本完整的水文地质单元,补径排条件较为简单。因此,水文地质因素中对矿区保水开采产生较大影响的因素主要是第四系 H_1 含水层底部新近系泥岩隔水层的厚度变化。

(2)矿区地层结构特征因素

根据伊犁矿区地质勘探报告,矿区主采煤层覆岩由下向上分别为侏罗系、古近系和新近系地层,覆岩的岩性主要包括砂岩、泥岩和砂质泥岩三种类型。结合第 2 章对伊犁矿区地层主要岩石的力学性质测定结果,三类岩石的力学强度都较低,自然含水状态砂岩、泥岩和砂质泥岩单轴抗压强度仅为 12.36 MPa、18.16 MPa 和 15.99 MPa,地层结构中无明显的坚硬岩层。此外,由于伊南、伊北煤田均为单斜构造,矿区地层结构总体较为简单。结合“2.1.2 典型地层结构特征”中主采煤层厚度情况及矿区典型水文及工程地质剖面图(图 2-3),可见对保水开采具有显著影响的地层结构特征因素主要包括:采出煤层厚度及层数、隔水层厚度和阻隔岩层厚度变化。

6.1.2 保水开采地质类型划分

(1)地质分类指标

保水开采的核心任务是在煤层开采过程中保护目标含水层结构不遭受破坏,其关键在于保持隔水层的采动稳定性。为此,现有保水开采相关研究成果基本都以隔水层是否发生断裂破坏作为衡量隔水层稳定性的依据,工程实践中则以导水裂隙带发育高度是否达到和穿过隔水层作为保水开采地质分区的具体指标。以导水裂隙带发育高度(简称“导高”)作为保水开采及其地质分区评价指标,总体具有方法简单便于操作的特点。但是,由于“导高”的具体数值主

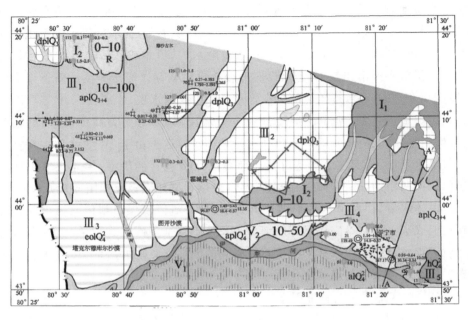

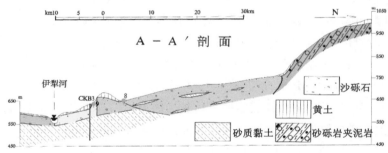

图 6-1　区域水文地质概略图

要依据经验公式计算或现场实测获得,所以以"导高"为指标对于生产服务时间较长的老矿区十分适用,但是对于新建设的矿区存在计算误差大,不利于安全生产或过于保守导致资源浪费严重的问题。

根据岩石受力变形发生破坏过程中的损伤特征演化规律,外载荷作用下岩石发生塑性应变的过程即为岩石损伤累积过程,当岩石损伤累积到一定程度则表现为宏观破坏。结合前文以伊犁矿区典型地层结构的相似模拟实验和数值计算分析结果,可以认为煤层开采扰动引起隔水层变形的实质是隔水层自身损伤累积的过程,当隔水层损伤度超过临界值时则表现为宏观的失稳破坏。为此,基于"5.1弱胶结岩石损伤表征方法"主要结论,以隔水层采动损伤变量 D_m 作为矿区保水开采地质类型划分的具体指标。

根据"5.2煤层组采动的隔水层损伤变形复合效应"对煤层开采过程中隔水层损伤微裂隙统计结果,隔水层损伤以张拉裂隙为主,可以判断张拉破坏是隔水层采动失稳的主要形式。为此,隔水层在开采扰动下发生失稳时的临界损伤值可以参照隔水层泥岩试样拉伸破坏时的损伤值进行选取。根据图6-2,将拉应力峰值对应的损伤值作为临界值下限($D_1 = 0.12$),残余拉应力值对应的损伤值作为临界值上限($D_2 = 0.20$)。

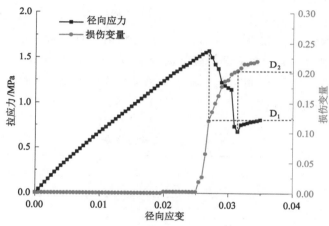

图6-2　隔水层泥岩拉应力-应变-损伤关系曲线

（2）分类方法

根据当前保水开采相关理论研究成果和工程实践经验,当煤层上覆岩层的厚度和组成结构不同,以及采出煤层的厚度不同都会导致保水开采的难度不同[110]。具体来说当其他条件相同时,保水开采难度将会随煤层采出厚度的增加而增大,但同时保水开采难度亦会随着隔水层厚度和阻隔层厚度的增加而减小。为实现对目标含水层的有效保护,有利于从宏观上确定对应的开采方法,须结合矿区具体地质条件进行保水开采地质类型划分。通过前文对伊犁矿区保水开采地质影响因素的分析,可以看出影响伊犁矿区保水开采难易程度和具体开采方法的主要影响因素包括:新近系泥岩隔水层厚度、隔水层与煤层之间的阻隔岩层厚度、煤层开采厚度和开采层数。

由于影响伊犁矿区保水开采的地质因素较多,若将所有影响因素都进行考虑则保水开采地质类型划分就过于复杂且难以实现,但盲目减少因素又会影响地质类型划分的准确性。为实现采用尽量少的主要影响因素数量就能综合考虑了所减少因素的影响效果,针对伊犁矿区主采煤层普遍厚度较大且基本以近距离煤层组形式赋存的典型特点,结合"5.3 基于隔水层变形的等效采厚"中煤层组等效采厚的定义和计算方法,将煤层开采厚度和开采层数导致的隔水层损伤变形换算为相应隔水层损伤变形的特厚煤层组等效采厚。

基于上述对保水开采地质类型划分指标和影响因素的分析,重点考虑隔水层厚度、阻隔层厚度和煤层等效采厚三个因素。根据伊犁矿区地层厚度变化规律,将每个影响因素确定三个水平,利用正交实验方法规划实验方案,设置三因素三水平正交实验表(表 6-1)。按照"5.1.1 弱胶结岩石力学参数数值反演"确定的数值计算力学参数,构建 UDEC Trigon 数值计算分析模型。通过对正交实验方案所规划的 9 个数值分析模型进行求解计算,结合第 3 章相似模拟实验隔水层变形特征的分析,可以看出隔水层采动损伤变形最严重的区域均位于切眼附近,停采线附近次之。

表 6-1 正交实验方案表

方案	因 素		
	隔水层厚度/m	阻隔层厚度/m	等效采厚/m
1	5	80	5
2	5	160	10
3	5	240	20
4	15	80	10
5	15	160	20
6	15	240	5
7	25	80	20
8	25	160	5
9	25	240	10

根据各方案数值分析模型求解计算结果,隔水层最大变形区域的损伤微裂隙发育情况如图 6-3 所示,各方案的隔水层最大变形区域的损伤变量监测结果见表 6-2。应用前文所确定的隔水层采动损伤变量 D_m 作为伊犁矿区保水开采地质类型划分指标,以隔水层临界损伤值上、下限($D_1 = 0.12$,$D_2 = 0.20$)为作

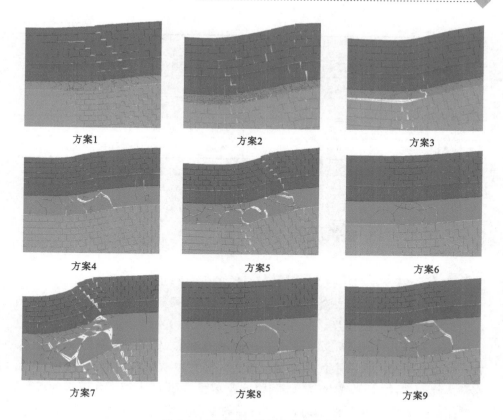

图 6-3　采动隔水层最大损伤特征

为分类标准，可将保水开采地质类型分为三类。即，自然保水开采类（$D_m <$ 0.12）、临界保水开采类（$0.12 \leqslant D_m < 0.20$）及特殊保水开采类（$D_m \geqslant 0.20$），正交实验方案所涉及地层结构分类结果见表 6-2。

表 6-2　伊犁矿区保水开采地质分类

方案	因　素						
	隔水层厚度/m	阻隔层厚度/m	等效采厚/m	隔采比	阻采比	最大损伤度	地质类型
1	5	80	5	1.00	16.00	0.179	B
2	5	160	10	0.50	16.00	0.280	C
3	5	240	20	0.25	12.00	0.204	C
4	15	80	10	1.50	8.00	0.174	B
5	15	160	20	0.75	8.00	0.232	C

表 6-2(续)

方案	因 素						
	隔水层厚度/m	阻隔层厚度/m	等效采厚/m	隔采比	阻采比	最大损伤度	地质类型
6	15	240	5	3.00	48.00	0.098	A
7	25	80	20	1.25	4.00	0.242	C
8	25	160	5	5.00	32.00	0.115	A
9	25	240	10	2.50	24.00	0.157	B

其中：A 为自然保水开采类；B 为临界保水开采类；C 为特殊保水开采类

6.2 伊犁矿区保水开采方法分类

6.2.1 保水开采方法多因素敏感性分析

基于表 6-1 的正交试验方案进行 UDEC 计算，得到了表 6-2 中每个方案所对应的隔水层最大损伤度。采用极差分析法（R 法）对结果进行分析，可得表 6-3。K_{jm} 为第 j 列因素 m 水平所对应的试验指标和，k_{jm} 为 K_{jm} 平均值。由 k_{jm} 大小可以判断第 j 列因素优水平和优组合。因为本次试验的监测指标为隔水层最大损伤度，故而值越小，方案越优，水平越优。而 R_j 为第 j 列因素的极差，反映了第 j 列因素水平波动时，试验指标的变动幅度。R_j 越大，说明该因素对试验指标的影响越大。根据 R_j 大小，可以判断因素的主次顺序。

表 6-3 正交试验数据分析表

实验次数	隔水层厚度/m	阻隔层厚度/m	等效采厚/m	实验数据
实验 1	5	80	5	0.179
实验 2	5	160	10	0.280
实验 3	5	240	20	0.204
实验 4	15	80	10	0.174
实验 5	15	160	20	0.232
实验 6	15	240	5	0.098
实验 7	25	80	20	0.242
实验 8	25	160	5	0.115
实验 9	25	240	10	0.157

表 6-3（续）

实验次数	隔水层厚度/m	阻隔层厚度/m	等效采厚/m	实验数据
K_1	0.663	0.595	0.392	
K_2	0.504	0.627	0.611	
K_3	0.514	0.459	0.678	
k_1	0.221	0.198 3	0.130 7	
k_2	0.168	0.209	0.203 7	
k_3	0.171 3	0.153	0.226	
R	0.053	0.056	0.095 3	

　　由表 6-3 可知，按照 R_j 大小从大到小排列，试验中所研究的敏感性从大到小依次为：等效采厚、阻隔层厚度、隔水层厚度。说明等效采厚对隔水层最大损伤度的影响是最大的，在保水开采方法适应性分类中应该首先考虑如何降低等效采厚。此外，隔水层厚度和阻隔层厚度的 R 值接近，敏感性相近，对隔水层最大损伤度的影响有限。

　　图 6-4 为试验结果的效应曲线图，从图中可以分析得到每个因素的变化对于隔水层最大损伤度的影响。等效采厚对隔水层最大损伤度的敏感性最高，由图 6-4(c)可知等效采厚与隔水层最大损伤度正相关，而且随着等价厚度的增加，隔水层最大损伤度的增长趋势逐渐变缓。

　　将各因素的平均偏差平方和与误差的平均偏差平方和比值记为 F 值（见表 6-4），该值反映了各因素对试验结果影响程度的大小，计算公式为

$$F = \frac{S_j/f_j}{S_e/f_e} \tag{6-1}$$

式中　S_j——各因素偏差平方和；

　　　　f_j——各因素偏差自由度；

　　　　S_e——实验误差偏差平方和；

　　　　f_e——实验误差偏差自由度。

　　采用式(6-1)进行计算，利用方差分析（表 6-4）得到的各主控因素的敏感性情况为：等效采厚这一因素比较显著，隔水层厚度和阻隔层厚度这两个因素不显著。与极差分析方法结果一致。

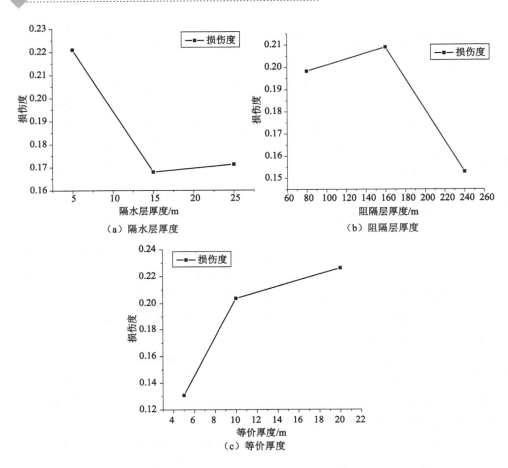

（a）隔水层厚度　　　　　　　　（b）阻隔层厚度

（c）等价厚度

图 6-4　试验结果效应趋势图

表 6-4　方差分析表

变异来源	偏差平方和	自由度	方差	F 值	Fa	显著水平
隔水层厚度	0.005 3	2	0.002 6		F0.01(2,8)＝8.649	
阻隔层厚度	0.005 3	2	0.002 7		F0.05(2,8)＝4.459	
等效采厚	0.014 9	2	0.007 5	3.723	F0.1(2,8)＝3.113	*
空列	0.002 7	2	0.001 4		F0.25(2,8)＝1.657	
误差 e	0.002 7	2	0.001 4			
修正误差 e	0.016	8	0.002			
总和	0.031					

6.2.2　保水开采方法适应性分类

确定合理的保水开采方法是实现伊犁矿区水资源和生态环境保护最根本和有效的技术途径。根据综合前文研究,结合弱胶结地层结构的典型特征,该类地层条件下特厚煤层保水开采机理是充分利用弱胶结岩石强度低、塑性特性明显,采动覆岩成组协同运动连续性和隔水层弥合重组特性较好的特点,采用合理开采方法和工艺参数,控制煤层组等效采厚、阻隔层运动和隔水层损伤演化,实现目标含水层结构的有效保护。

根据保水开采主控因素敏感性分析结果,结合现有采煤工艺和岩层移动控制方法,将适用于伊犁矿区弱胶结地层条件的保水开采方法按照影响因素的优先等级分为三类,分别为:基于等效采厚控制的保水开采方法、基于阻隔层运动控制的保水开采方法、基于隔水层修复的保水开采方法。

（1）基于等效采厚控制的保水开采方法

煤炭资源地下开采之所以会引起水资源流失,其根本原因在于煤层采出空间体积超过了煤层覆岩采动破坏后的碎胀补偿空间体积,导致覆岩导水裂隙贯通目标含水层,导致含水层产生结构破坏。为实现目标含水层整体结构不受破坏,最直接的方法就是控制煤层的等效采厚,即采动覆岩的最大可变形移动空间高度。根据当前较为成熟的采煤方法,"基于等效采厚控制的保水开采方法"主要包括:合理确定煤层组的单层采厚、充填开采、局部充填开采、限厚开采、和局部限厚开采等方法。

针对伊犁矿区煤岩地质力学特点,由于地层岩石整体胶结弱、力学强度低,开采引起的覆岩难以形成有效的承载结构,且发生岩层破坏后的岩石碎胀系数和弹性地基系数也较小。相对于非弱胶结地层矿区,伊犁矿区煤系地层覆岩对煤层采出空间的补偿能力将会更低。为此,结合伊犁矿区保水开采地质类型划分结果,针对"临界保水开采类(B 类)""特殊保水开采类(C 类)"地质条件均适合"基于等效采厚控制的保水开采方法"。

具体来说对于"临界保水开采类(B 类)"地层条件主要考虑采用限厚开采、充填开采或在切眼、停采线附近采用局部限厚开采、局部充填开采;对于"特殊保水开采类(C 类)"则应该重点考虑全工作面充填开采或限厚开采。此外,对于伊犁矿区近距离特厚煤层组开采特点亦可根据等效采厚情况,对煤层组中的一次或者多层采用充填开采或限厚开采将等效采厚降低到极限等效采厚以下即可实现保水开采目标。

（2）基于阻隔层运动控制的保水开采方法

通过前文研究，围绕保水开采目标，按受采动影响的覆岩位置和水理性质，将煤层覆岩分为"上位隔水层""中位阻隔层"和"下位基本顶"三种类型。根据采动岩层移动规律，"上位隔水层"变形程度受到"中位阻隔层"的控制，"中位阻隔层"的裂隙扩展又主要受"下位基本顶"的影响。为此，提出"基于阻隔层运动控制的保水开采方法"，主要采用已有岩层移动控制方法调节覆岩"中位阻隔层"的运动规律，以改善隔水层底部的弹性地基系数随开采的降低程度，达到减小隔水层采动变形程度，实现保水开采目标。结合当前主要岩层移动控制方法，"基于阻隔层运动控制的保水开采方法"主要包括条带/房柱/短壁开采、协调开采、离层注浆、工作面快速推进等。

针对伊犁矿区煤岩地质力学特点，根据第3章"弱胶结采动覆岩'隔-阻-基'协同变形运动规律"，阻隔岩层表现为成组或整体移动特征。由于伊犁矿区地层中没有厚而坚硬岩层，若要通过离层注浆等方法直接控制阻隔岩层运动规律的难度较大，应主要考虑采用条带/房柱/短壁等开采方法减少基本顶岩层的破断移动，进而调节阻隔岩层运动规律，实现对隔水层采动变形程度的控制。

结合伊犁矿区保水开采地质类型划分结果，"基于阻隔层运动控制的保水开采方法"比较适用于"临界保水开采类（B类）"地质条件。具体包括单个或多个煤层采用条带/房柱/短壁等开采方法；或者针对近距离煤层组通过上下煤层开采工作面的合理布置协调开采，减小初采、停采区域隔水层的最大变形量；抑或者在长壁工作面回采过程中采用工作面快速推进等方法。

（3）基于隔水层修复的保水开采方法

隔水层在煤层开采过程中损伤变形导致的含水层结构破坏是目标含水层水资源流失的最直接原因。因此，当采用"基于等效采厚控制的保水开采方法"、"基于阻隔层运动控制的保水开采方法"存在困难或经济效益不理想时亦可采用"基于隔水层修复的保水开采方法"实现对目标含水层结构的保护。相关学者研究表明隔水层泥岩或黏土发生破坏以后在外部载荷和水作用下可以实现裂隙的弥合和重新胶结[105,190]，具有一定的隔水性能自修复特点。因此，"基于隔水层修复的保水开采方法"主要是通过隔水层自修复属性或者注浆重新胶结等方式使采动破坏的隔水层全部或部分恢复其隔水性能。

针对伊犁矿区水文和煤岩地质力学特点，通过第2章"弱胶结岩石对开采扰动的力学响应机制"研究表明伊犁矿区主要涉及的泥岩隔水层富含亲水性矿物组分，在自由水浸润下具有一定的微膨胀性，具有一定的自修复特性。由于伊犁矿区目标含水层为第四系浅表含水层,且水位埋深较小,具体工程实践中为充分利用隔水层的自修复特性可在工作面回采之前适当调整目标含水层局部径流路径,待采动地层沉降稳定或者隔水层局部注浆修复后再恢复目标含水层径流路径。综合"基于隔水层修复的保水开采方法"的技术特征和经济可行性,该方法主要适用于"临界保水开采类(B 类)"地质条件,或者在"特殊保水开采类(C 类)"地质条件下与其他保水开采方法相结合使用。

6.3　工程应用案例

6.3.1　水文与地质条件

　　伊犁四矿 21109 工作面是 21-1 煤层 11 采区首采工作面,工作面倾斜长度为 240 m,走向长度为 1 270 m,南北侧分别是拟布置的 21107 和 21111 工作面。21109 工作面四周及上部无采空区,下方是 23-2 煤层拟布置的 23221 工作面,工作面概况如图 6-5 所示。根据工作面范围内钻孔 ZK203、ZK001 揭示的地质条件,21-1 煤层厚度为 2.62～5.05 m,23-2 煤层厚度 10.22～11.28 m,煤层间距 12.23～13.86 m,煤层厚度均由东向西逐渐增厚,钻孔综合柱状如图 6-6 所示。

　　21109 工作面对应地表地势较平坦,属低山丘陵地貌,整体地势南高北低。采区上覆地层含水层主要包括第四系冲洪积孔隙含水层(H_1)和古近系砂砾岩孔隙含水层(H_2),其中 H_1 含水层及底部新近系泥岩隔水层是本书研究重点关注的目标含水层、隔水层。根据钻孔综合柱状,目标隔水层厚度 6.80～10.04 m,中位阻隔岩层厚度 79.20～81.93 m,下位基本顶厚度 4.22～4.83 m,21-1 煤层与 23-2 煤层间距 12.23～13.86 m。

6.3.2　保水开采地质类型

　　根据 ZK203、ZK001 钻孔资料,21109 工作面附近 21-1、23-2 煤层有逐渐增厚的趋势,各煤层厚度分别取最小和最大值,煤间距取平均值为 13.0 m。根据 5.3 得出的等效采厚计算方法,计算 21109、23221 工作面均全厚采出时的等效采厚。由公式(6-2),结合研究区实际工程地质条件 E_0 取 1.2 GPa,K_0 取 1.05,γ_1 取 24.0 kN/m³,l 取 13.0 m。

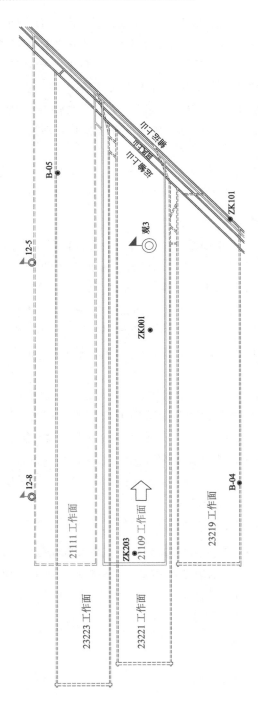

图6-5 试验工作面布置图

地质年代	厚度/m	埋深/m	描述	岩性
第四系	64.66	64.66	黄土层	
	76.82	12.16	砾岩	
新近系	83.62	6.80	泥岩	
古近系	111.74	28.12	含砾粗砂岩	
侏罗系	120.80	9.06	中砂岩	
	127.36	6.56	砾岩	
	133.27	5.91	含砾细砂岩	
	136.57	3.30	砾岩	
	145.51	8.91	泥岩	
	158.75	16.35	砂质泥岩	
	165.55	6.80	粉砂岩	
	170.38	4.83	泥岩	
	173.00	2.62	21-1煤层	
	177.49	4.49	泥岩	
	180.80	3.31	粉砂岩	
	185.23	4.43	泥岩	
	195.45	10.22	23-2煤层	
	198.61	3.16	泥质粉砂岩	

（a）ZK203钻孔柱状

地质年代	厚度/m	埋深/m	描述	岩性
第四系	63.19	63.19	黄土层	
	67.67	4.48	砂砾石	
	79.24	11.57	砾石层	
新近系	89.28	10.04	泥岩	
古近系	106.19	18.10	含砾粗砂岩	
	124.74	18.55	粗砂岩	
侏罗系	133.44	8.70	泥岩	
	149.17	15.73	细砂岩	
	155.26	6.09	泥岩	
	162.26	7.00	砂质泥岩	
	168.48	6.22	粉砂岩	
	172.90	4.42	泥岩	
	177.95	5.05	21-1煤层	
	182.52	4.57	泥岩	
	184.97	2.45	粉砂岩	
	191.81	6.84	泥岩	
	203.09	11.28	23-2煤层	
	207.28	4.19	砂质泥岩	

（b）ZK001钻孔柱状

图 6-6　试验工作面钻孔综合柱状图

$$f(y') = -\frac{E_0 (K_0 - 1)^2}{K_0 \gamma_1} \times \ln \left| \frac{K_0 \gamma_2 (y' - l) + E_0 (K_0 - 1)}{K_0 \gamma_1 l + K_0 \gamma_2 (y' - l) + E_0 (K_0 - 1)} \right| +$$

$$\frac{n\gamma_3 + (l + m - y')\gamma_2}{\gamma_2} \times \ln \left| \frac{E_2 - (1 - 2\mu^2)[n\gamma_3 + (l + m - y')\gamma_2]}{E_2 - (1 - 2\mu^2)[n\gamma_3 + m\gamma_2]} \right|$$

$$(6-2)$$

式中　γ_1、γ_2、γ_3——分别为塑性、弹性膨胀区和微弱膨胀区煤岩容重，N/m^3；

$\qquad \mu$——弹性膨胀区煤岩泊松比。

$$M_{\text{等}} = M_1 + M_2 - f(H_m) \qquad (6-3)$$

由于 21-1、23-2 煤层间距仅 13.0 m，层间岩层位于 23-2 煤层垮落带范围，将参数代入式(5-27)，计算得到塑性区膨胀量 $f(H_m) = 0.67$ m。将煤层组厚度参数代入等效采厚计算式(5-12)，继而得到煤层组开采的等效采厚为 $M_{\text{等}}$ 为 $11.93 \sim 15.66$ m。

根据地质资料，目标隔水层厚度为 $6.80 \sim 10.04$ m，中位阻隔岩层厚度为 $79.20 \sim 81.93$ m，利用上述等效采厚计算结果，计算该地层参数条件下的隔采比为 $0.57 \sim 0.64$，阻采比为 $5.23 \sim 6.64$。对比表 6-2，该类地层条件介于正交实验方案 2 与方案 7 之间，由于方案 2、方案 7 保水开采地质类型均属于"特殊保水开采类（C 类）"，故该工程地质条件亦属于"特殊保水开采类（C 类）"。

6.3.3　保水开采方法

由于 21109、23221 工作面开采工程地质条件属于"特殊保水开采类（C 类）"，若按常规采煤方法对 21-1、23-2 煤层进行开采必然会导致目标含水层结构破坏。根据"6.2.2 保水开采方法适应性分类"，试验工作面适用于采用"基于等效采厚控制的保水开采方法"。为综合确定试验工作面合理的保水开采工艺和方法，根据概率积分法中地层移动变形参数、泥岩隔水层变形几何特性及拉伸极限变形特征，利用式(5-26)、(5-28)计算 21109、23221 工作面区域地层结构条件下的极限等效采厚。

$$\varepsilon = \pm 1.52 b \frac{W_{\max}}{r} \leqslant \varepsilon_{\max} \qquad (6-4)$$

$$M_{\text{等}\max} = \frac{r q \varepsilon_{\max} \cos \alpha}{1.52 b} \qquad (6-5)$$

结合"5.3.3 典型地层条件等效采厚计算"中伊犁矿区地质条件确定的相关参数取值。主要参数取值如下：隔水层极限水平变形 $\varepsilon_{\max} = 0.002\ 3$；下沉系数取值 $q = 0.90$；水平移动系数 $b = 0.40$；主要影响角正切 $\tan \beta = 1.98$；主要影响

半径 $r=50$ m。通过计算得到该生产地质条件下的极限等效采厚为 4.73 m。

根据前文计算结果,由于 21-1、23-2 煤层的等效采厚 $M_{等}$ 为 11.93~15.66 m,$M_{等}>M_{等max}$。为实现保水开采,初步分析"基于等效采厚控制的保水开采方法"涉及的主要采煤方法特点,针对试验工作面生产地质条件,实现保水开采的具体目标就是将 21-1、23-2 煤层的等效采厚降低至极限等效采厚以下。因此,较为适合的保水开采方法是综合采用充填开采和限厚开采技术,协同 21-1、23-2 煤层组开采。

根据限厚开采及充填开采对地表变形的控制相关研究成果和工程实践经验[191-194],由于 21-1 煤层厚度为 2.62~5.05 m,23-2 煤层厚度为 10.22~11.28 m,充分考虑煤炭资源采出率,结合矿井建设初期的经济效益、充填开采工艺技术参数及充填材料需求等因素,确定 21109 工作面采用限厚开采、23211 工作面采用充填开采的采煤方法。通过对已有工程经验的总结,结合数值计算方法,确定 21109 工作面限厚开采高度为 3.5 m,23211 工作面采用密实充填或者膏体充填,其充实率需达到 85% 以上。结合实际生产情况,矿井当前主要开采 21-1 煤层,在 21109 工作面开采过程中对工作面范围内的"观 3"水文钻孔中的水位进行观测,并在"观 3"钻孔处地表设置高程监测点,采用 RTK 监测该点地表标高随工作面回采的沉陷特点,观测结果如图 6-7 所示。

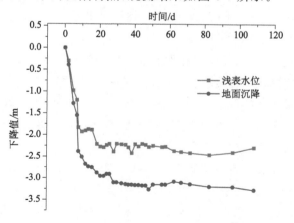

图 6-7　工作面地表沉降及浅表水位变化

21109 工作面采用限高开采过程中,水位观测孔水位基本随地表沉降同步下降,当工作面采动引起的地表沉降基本稳定后目标含水层水位有一定的上升趋势。由此说明,21-1 煤层采用 3.5 m 限厚开采时目标含水层结构并未遭到破坏,初步验证了该保水开采方法的有效性,后期 23211 工作面开采过程中还需对保水开采效果进行进一步的监测验证。

6.4 本章小结

(1)对保水开采地质因素展开分析,影响保水开采的地质因素总体可以分为水文地质因素和地层结构特征因素两类,水文地质因素中对矿区保水开采产生较大影响的因素主要是第四系 H_1 含水层底部新近系泥岩隔水层,对保水开采具有直接影响的地层结构特征因素主要包括:采出煤层厚度及层数、隔水层厚度和阻隔岩层厚度变化。

(2)综合前文研究结论,明确了弱胶结地层特厚煤层保水开采机理是充分利用弱胶结岩石强度低、塑性特性明显,采动覆岩成组协同运动连续性和隔水层弥合重组特性较好的特点,采用合理开采方法和工艺参数,控制煤层组等效采厚、阻隔层运动和隔水层损伤演化,实现目标含水层结构的有效保护。

(3)给出了保水开采地质类型划分的分类指标以及分类方法,以隔水层采动损伤变量 D_m 作为矿区保水开采地质类型划分的具体指标,以隔水层临界损伤值上、下限($D_1 = 0.12$,$D_2 = 0.20$)为分类标准,可将保水开采地质类型分为三类。即,自然保水开采类($D_m < 0.12$)、临界保水开采类($0.12 \leqslant D_m < 0.20$)及特殊保水开采类($D_m \geqslant 0.20$)。

(4)根据正交试验结果,采用极差和方差分析的方法确定了保水开采方法的主控因素敏感性显著程度,进行了保水开采方法适应性分类,将适用于伊犁矿区弱胶结地层条件的保水开采方法按照影响因素的优先等级分为三类:基于等效采厚控制的保水开采方法、基于阻隔层运动控制的保水开采方法、基于隔水层修复的保水开采方法。

(5)将研究成果应用在伊犁四矿 21109 工作面,结合 21-1、23-2 煤层间距地质条件,得到煤层组开采的等效采厚为 $M_{等}$ 为 11.93~15.66 m。结合正交实验结果,确定出煤炭资源全厚开采下该工程地质条件亦属于"特殊保水开采类(C 类)",以隔水层拉伸变形阈值得出该地层条件下的保水开采极限采厚为 4.73 m,21-1 煤层限高开采厚度为 3.5 m。根据水文观测孔浅表水水位变化数据,上组煤开采过程中浅表水水位基本稳定,验证了本书提出的保水开采分类指标的合理性和有效性,并以此为依据提出了下层煤开采保水开采建议,为实现伊犁四矿相似地质条件下的保水开采提供了理论依据以及技术支撑。

第 7 章 结论与展望

7.1 主要结论

针对新疆生态脆弱区煤炭资源开采与水资源保护的突出矛盾,本书以伊犁矿区典型弱胶结煤系地层赋存条件为基础,综合采用现场调研、实验测试、理论分析、物理模拟、数值计算等方法,系统研究了弱胶结地层典型岩石对应力环境及饱水状态的力学响应机制、采动覆岩协同变形规律、隔水层采动损伤特征及稳定性,提出了弱胶结地层特厚煤层保水开采适应性分类方法,得到以下主要结论:

(1) 根据伊犁矿区煤岩地质特征,通过对煤系地层主要类型岩石(砂岩、砂质泥岩和泥岩)强度和变形特征的测定分析,认为弱胶结地层岩石遇水后的力学性质迅速劣化主要体现在水对岩石内聚力和弹性模量的显著弱化,从而导致了岩石强度大幅降低和塑性明显增强。通过构建泥岩隔水层的颗粒流模型,从微观角度分析弱胶结泥岩在三轴压缩过程中内部微裂纹发育规律及破坏机制。

(2) 通过定义应力敏感系数和水敏感系数,结合岩石矿物组分和细观结构特征,分析了弱胶结地层岩石对应力环境及水饱和状态的差异化力学响应机制。即,弱胶结地层各类岩石对应力环境的力学响应敏感性取决于胶结状态、孔隙率和晶粒尺度,当岩石胶结状态相似、孔隙率较低时则由晶粒尺度所决定;对饱水状态的力学响应敏感性主要取决于岩石中亲水性矿物的类型和含量,当岩石亲水性矿物含量较低时,则由岩石的孔隙率所决定。

(3) 基于采动应力路径的三轴压缩渗透性试验相对于恒定围压条件,采动应力加载对岩石裂隙发育速度具有促进作用,岩石的屈服点和峰值点的应变均大幅度减少。黏土矿物含量是影响弱胶结岩石的渗流特性的主要因素,弱胶结岩样渗透性与黏土矿物含量成反比。弱胶结地层岩石中黏土矿物遇水后具有膨胀、泥化、运移的特性,是导致岩石渗透率曲线变化滞后性的主要原因,黏土矿物含量也决定了渗透率曲线滞后性强弱。

(4)伊犁弱胶结煤系地层采动覆岩"上位隔水层""中位阻隔层"和"下位基本顶"总体呈现了协同变形运动的规律。"下位基本顶"的断裂形态及结构特征受初采厚度、采动次数影响明显,"中位阻隔层"难以形成稳定承载结构,并在随"下位基本顶"成组运动的过程中引起"上位隔水层"的协同变形和裂隙位态的动态变化。隔水层裂隙动态发育范围、尺度与开采厚度、扰动次数正相关。

(5)采用倾斜、曲率、水平变形为变形指标分析了一次采全高和分层开采条件下的隔水层变形演化规律,并根据实验结果按变形程度指标将隔水层采动隔水性划分为四个阶段:隔水性增强段、隔水性减弱段、隔水性失去段和隔水性丧失段。

(6)构建弱胶结地层厚煤层开采隔水层稳定性力学模型,推导隔水层稳定性力学判据,分析了煤层开采尺寸、阻隔层厚度及隔水层厚度对弱胶结采动覆岩隔水层稳定性的影响规律。煤层组开采过程中,当隔水层下表面中心区域及上表面边界和中部位置处的拉伸应力达到抗拉极限时,隔水层产生拉伸破坏;当隔水层上下表面最大拉应变超出其拉应变阈值时,隔水层发生破坏。隔水层上作用的最大拉应力随弹性地基系数以及阻隔层厚度的增大而减小,随上覆载荷的增大而增大,随覆岩垮落角的增大呈现出先快速增大后趋于平缓的趋势;隔水层下表面的最大拉应变随其厚度的增大而增加,随弹性模量的减小快速增大。

(7)建立煤层组采动数值计算模型,定量分析了单层采动以及重复采动条件下隔水层变形的位移特征及裂隙发育形态,以本书提出的损伤表征方法研究了工作面不同推进距离时,隔水层的变形位态、累积损伤变量及隔水层微裂隙闭合过程的损伤特征,揭示了煤层组采动隔水层损伤变形演化机制。

(8)围绕弱胶结地层多组煤开采上覆岩层移动和裂隙发育规律,从广义和狭义两方面给出了多组煤等效采厚的定义,结合弱胶结地层特厚煤层组"隔-阻-基"协同变形运动规律和"上位隔水层"稳定性力学模型与判据,提出了基于阻隔层卸荷膨胀效应对隔水层稳定性影响的等效采厚计算方法,结合伊北煤田典型特厚煤层组开采条件计算得到其等效采厚为 13.76 m,保持隔水层稳定性的临界等效采厚为 4.18 m。

(9)基于伊犁矿区典型弱胶结煤系地层岩石对应力环境和饱水状态的力学

响应机制、采动覆岩"隔-阻-基"协同变形运动规律及隔水层采动损伤演化机制，明确了弱胶结地层特厚煤层保水开采机理是充分利用弱胶结岩石强度低、塑性特性明显，采动覆岩成组协同运动连续性和隔水层弥合重组特性较好的特点，采用合理开采方法和工艺参数，控制煤层组等效采厚、阻隔层运动和隔水层损伤演化，实现目标含水层结构的有效保护。

（10）构建水力耦合数值分析模型，研究了重复开采扰动下弱胶结煤系地层覆岩的应力分布特征、塑性破坏区发育及渗透性演化规律。重复开采扰动下，弱胶结地层采动覆岩的孔隙压力大幅下降，渗流场呈现采空区四周渗流速度大于采空区中部渗流速度、采空区煤壁侧的渗流速度大于两侧和切眼侧渗流速度，当上行和下行破坏区连通时渗流速度大幅增大。煤层组间岩层未破坏贯通前，积水采空区下煤层采动顶板渗流场呈扇形，层间岩层破坏区贯通后最大渗流速度区位于工作面前方。

（11）以隔水层采动损伤变量 D_m 作为矿区保水开采地质类型划分指标，确定隔水层拉应力峰值对应的损伤值作为临界值下限（$D_1 = 0.12$）、残余拉应力值对应的损伤值作为临界值上限（$D_2 = 0.20$），将保水开采地质类型分为自然保水开采类（$D_m < 0.12$）、临界保水开采类（$0.12 \leqslant D_m < 0.20$）及特殊保水开采类（$D_m \geqslant 0.20$）三类。

（12）基于保水开采方法主控因素敏感性分析，结合现有采煤工艺和岩层移动控制方法，给出了伊犁矿区保水开采方法适应性分类，并成功应用于伊犁四矿 21109 工作面生产实践，验证了保水开采机理及方法指标的合理有效性。

7.2　主要创新点

（1）揭示了弱胶结地层岩石对应力环境及饱水状态的差异化力学响应机制。

测定了不同围压和不同含水率条件下弱胶结地层砂岩、砂质泥岩和泥岩的应力应变关系，通过定义应力敏感系数和水敏感系数，分析了各类岩石对应力环境和水饱和状态的差异化力学特征，结合岩石矿物组分和细观结构特征，研究得出了弱胶结地层各类岩石对应力环境的力学响应敏感性取决于胶结状态、孔隙率和晶粒尺度，当岩石胶结状态相似、孔隙率较低时则由晶粒尺度所决定；对饱水状态的力学响应敏感性取决于岩石中亲水性矿物的类型和含量，当岩石亲水性矿物含量较低时，则由岩石的孔隙率所决定。

（2）提出了基于岩石损伤变形程度的隔水层采动稳定性定量表征方法。

以弱胶结岩石变形破坏过程中的应力-应变关系和声发射特征为纽带，通过岩石力学参数的数值反演和数值模型微裂隙发育类型、分布特征和强度衰减规律的分析，提出以微裂隙发育密度和贯穿度综合衡量弱胶结覆岩采动损伤程度的方法，实现了隔水层采动裂隙发育弥合及隔水稳定性的定量表征。

（3）提出了基于隔水层变形的煤层组等效采厚定义和计算方法。

分析伊北煤田弱胶结煤系地层条件，研究了弱胶结地层特厚煤层组开采过程中"下位基本顶"破断、"中位阻隔层"成组运动与"上位隔水层"的协同变形规律，建立了"上位隔水层"稳定性力学模型与判据，提出了基于阻隔层卸荷膨胀效应对隔水层稳定性影响的等效采厚计算方法。

（4）建立了伊犁矿区保水开采地质条件及开采方法适应性分类方法和标准。

基于弱胶结覆岩采动损伤表征方法，建立了以隔水层采动损伤变量 D_m 及其临界值（下限 $D_1=0.12$，上限 $D_2=0.20$）为指标的保水开采地质条件分类方法，依据地层结构特征及主控因素敏感性分析，确定了伊犁矿区保水开采方法适应性分类，并通过伊北煤田工业性试验进行了验证。

7.3　展望

本书系统研究了弱胶结地层岩石采动力学响应及保水开采机理，充实了西部矿区岩石力学应用基础及现有保水开采理论，为新疆煤炭资源的生态环境保护性开采提供了理论基础，在今后的研究工作中，笔者认为以下几个方面尚需进一步研究：

（1）本书重点分析了三种采动应力（应力降低、原始应力、应力增高）和含水率（干燥状态、自然含水、饱和含水）状态下弱胶结岩石力学性质，而煤层开采引起煤岩体应力场和渗流场是渐序发生变化的。后续有必要结合真实采动应力路径，开展采动应力路径下的三轴渗透实验，揭示轴压、围压、渗透压耦合作用下不同损伤程度隔水层的渗流和重组（重构）特性。

（2）本书提出了开采扰动下隔水层损伤量化指标，利用离散元 UDEC 计算了不同开采工艺下隔水层损伤变形复合效应，在今后的工作中，需将二维离散元损伤变量计算方法扩展至三维条件下，实现以煤岩体裂隙发育密度及贯穿度来综合衡量表征采动岩体的损伤程度，结合等效采厚定量刻画不同损伤程度下采动覆岩的渗透特性。

（3）本书基于伊犁矿区煤系地层条件确定的弱胶结地层特厚煤层保水开采地质类型划分以及保水开采适用性分类的现场应用案例还存在一定局限性。后期研究工作中，有必要进一步结合西部弱胶结地层矿区条件对厚煤层保水开采机理及分类研究成果的有效性开展进一步验证和完善。

参考文献

[1] 钱鸣高,许家林,王家臣.再论煤炭的科学开采[J].煤炭学报,2018,43(1):1-13.

[2] 武强,刘宏磊,赵海卿,等.解决矿山环境问题的"九节鞭"[J].煤炭学报,2019,44(1):10-22.

[3] 王双明,杜华栋,王生全.神木北部采煤塌陷区土壤与植被损害过程及机理分析[J].煤炭学报,2017,42(1):17-26.

[4] 范立民.保水采煤的科学内涵[J].煤炭学报,2017,42(1):27-35.

[5] 范立民.保水采煤面临的科学问题[J].煤炭学报,2019,44(3):667-674.

[6] 袁亮,张农,阚甲广,等.我国绿色煤炭资源量概念、模型及预测[J].中国矿业大学学报,2018,47(1):1-8.

[7] 王双明,段中会,马丽,等.西部煤炭绿色开发地质保障技术研究现状与发展趋势[J].煤炭科学技术,2019,47(2):1-6.

[8] 彭苏萍,张博,王佟,等.煤炭资源与水资源[M].北京:科学出版社,2014.

[9] 张东升,刘洪林,范钢伟.新疆伊犁矿区保水开采内涵及其应用研究展望[J].新疆大学学报(自然科学版),2013,30(1):13-18.

[10] 张东升,刘洪林,范钢伟,等.新疆大型煤炭基地科学采矿的内涵与展望[J].采矿与安全工程学报,2015,32(1):1-6.

[11] 李崇茂.煤炭资源开采系统与水资源生态系统健康度评价与协同关系研究[D].徐州:中国矿业大学,2018.

[12] 宋洪柱.中国煤炭资源分布特征与勘查开发前景研究[D].北京:中国地质大学(北京),2013.

[13] 王佟,张博,王庆伟,等.中国绿色煤炭资源概念和内涵及评价[J].煤田地质与勘探,2017,45(1):1-8,13.

[14] 顾大钊.晋陕蒙接壤区大型煤炭基地地下水保护利用与生态修复[M].北京:科学出版社,2015.

[15] 李维锋,卢华复,王鑫峰.新疆中天山侏罗纪盆地群沉积演化[J].沉积与特提斯地质,2002,22(4):26-34.

[16] 王佟,夏玉成,韦博,等.新疆侏罗纪煤田构造样式及其控煤效应[J].煤炭学报,2017,42(2):436-443.

[17] WANG W M ,ZHAO Z H ,WANG Y J ,et al. Failure behavior and constitutive model of weakly consolidated soft rock[J]. The scientific world journal,2013,2013:758,750.

[18] NGUYEN V H,GLAND N,DAUTRIAT J,et al. Compaction,permeability evolution and stress path effects in unconsolidated sand and weakly consolidated sandstone[J]. International journal of rock mechanics and mining sciences,2014,67:226-239.

[19] 王渭明,赵增辉,王磊.考虑刚度和强度劣化时弱胶结软岩巷道围岩的弹塑性损伤分析[J].采矿与安全工程学报,2013,30(5):679-685.

[20] 赵增辉,王渭明,高鑫,等.弱胶结泥质软岩的三向压缩损伤特性[J].浙江大学学报(工学版),2014,48(8):1399-1405.

[21] 范立民,马雄德,冀瑞君.西部生态脆弱矿区保水采煤研究与实践进展[J].煤炭学报,2015,40(8):1711-1717.

[22] 张东升,李文平,来兴平,等.我国西北煤炭开采中的水资源保护基础理论研究进展[J].煤炭学报,2017,42(1):36-43.

[23] 黄庆享.浅埋煤层保水开采岩层控制研究[J].煤炭学报,2017,42(1):50-55.

[24] 孙亚军,张梦飞,高尚,等.典型高强度开采矿区保水采煤关键技术与实践[J].煤炭学报,2017,42(1):56-65.

[25] 马立强,张东升,金志远,等.近距煤层高效保水开采理论与方法[J].煤炭学报,2019,44(3):727-738.

[26] 刘钦,孙亚军,徐智敏,等.侏罗系弱胶结砂岩孔隙介质特征及其保水采煤意义[J].煤炭学报,2019,44(3):858-865.

[27] 张杰,杨涛,田云鹏,等.采动及渗流作用下隔水土层破坏规律研究[J].岩土力学,2015,36(1):219-224.

[28] 蒋泽泉,王建文,王宏科.浅埋煤层关键隔水层隔水性能及采动影响变化

[J].中国煤炭地质,2011,23(4):26-31.

[29] 王双明,范立民,黄庆享,等.榆神矿区煤水地质条件及保水开采[J].西安科技大学学报,2010,30(1):1-6.

[30] 谢和平,张泽天,高峰,等.不同开采方式下煤岩应力场-裂隙场-渗流场行为研究[J].煤炭学报,2016,41(10):2405-2417.

[31] 谢和平,周宏伟,刘建锋,等.不同开采条件下采动力学行为研究[J].煤炭学报,2011,36(7):1067-1074.

[32] ERGULER Z A,ULUSAY R. Water-induced variations in mechanical properties of clay-bearing rocks[J]. International journal of rock mechanics and mining sciences,2009,46(2):355-370.

[33] 李回贵,李化敏,汪华君,等.弱胶结砂岩的物理力学特征及定义[J].煤炭科学技术,2017,45(10):1-7.

[34] 李化敏,李回贵,宋桂军,等.神东矿区煤系地层岩石物理力学性质[J].煤炭学报,2016,41(11):2661-2671.

[35] 王开林.神东矿区弱胶结砂岩的宏细观结构及力学特征研究[D].焦作:河南理工大学,2018.

[36] 梁亚飞.神东矿区砂岩微观结构对其力学及声学特性研究[D].焦作:河南理工大学,2018.

[37] 王磊,李祖勇.西部弱胶结泥岩的三轴压缩试验分析[J].长江科学院院报,2016,33(8):86-90,95.

[38] 孔令辉.弱胶结软岩巷道围岩稳定性分析及支护优化研究[D].青岛:山东科技大学,2011.

[39] 王渭明,高鑫,景继东,等.弱胶结软岩巷道锚网索耦合支护技术研究[J].煤炭科学技术,2014,42(1):23-26.

[40] 王渭明,孙捷城,吕连勋.弱胶结软岩巷道围岩位移反演地应力研究[J].中国矿业大学学报,2016,45(3):646-652.

[41] 赵增辉,马庆,高晓杰,等.弱胶结软岩巷道围岩非协同变形及灾变机制[J].采矿与安全工程学报,2019,36(2):272-279,289.

[42] 孟庆彬.极弱胶结岩体结构与力学特性及本构模型研究[D].徐州:中国矿业大学,2014.

[43] 孟庆彬,韩立军,浦海,等.极弱胶结地层煤巷支护体系与监控分析[J].煤炭学报,2016,41(1):234-245.

［44］ 孟庆彬,韩立军,乔卫国,等.极弱胶结地层开拓巷道围岩演化规律与监测分析［J］.煤炭学报,2013,38(4):572-579.

［45］ 孟庆彬,韩立军,乔卫国,等.泥质弱胶结软岩巷道变形破坏特征与机理分析［J］.采矿与安全工程学报,2016,33(6):1014-1022.

［46］ 孟庆彬,韩立军,乔卫国,等.应变软化与扩容特性极弱胶结围岩弹塑性分析［J］.中国矿业大学学报,2018,47(4):760-767.

［47］ 孟庆彬,韩立军,乔卫国,等.极弱胶结地层煤巷锚网索耦合支护效应研究及应用［J］.采矿与安全工程学报,2016,33(5):770-778.

［48］ 孟庆彬,钱唯,韩立军,等.极弱胶结岩体再生结构的形成机制与力学特性试验研究［J］.岩土力学,2020,41(3):799-812.

［49］ 孟庆彬,王杰,韩立军,等.极弱胶结岩石物理力学特性及本构模型研究［J］.岩土力学,2020,41(S1):19-29.

［50］ 赵维生.泥质弱胶结岩体的重组与力学特性演化研究［D］.徐州:中国矿业大学,2016.

［51］ 纪洪广,陈波,孙利辉,等.红庆河煤矿弱胶结砂岩单轴加载条件下声发射特征研究［J］.金属矿山,2015(10):56-61.

［52］ 纪洪广,蒋华,宋朝阳,等.弱胶结砂岩遇水软化过程细观结构演化及断口形貌分析［J］.煤炭学报,2018,43(4):993-999.

［53］ 宋朝阳.弱胶结砂岩细观结构特征与变形破坏机理研究及应用［D］.北京:北京科技大学,2017.

［54］ 宋朝阳,丁振宇,谭杰,等.周期扰动应力作用下弱胶结砂岩声发射特性试验研究［J］.建井技术,2019,40(4):26-30,60.

［55］ 宋朝阳,纪洪广,蒋华,等.干湿循环作用下弱胶结砂岩声发射特征及其细观劣化机理［J］.煤炭学报,2018,43(S1):96-103.

［56］ 宋朝阳,纪洪广,刘阳军,等.弱胶结围岩条件下邻近巷道掘进扰动影响因素［J］.采矿与安全工程学报,2016,33(5):806-812.

［57］ 宋朝阳,纪洪广,刘志强,等.饱和水弱胶结砂岩剪切断裂面形貌特征及破坏机理［J］.煤炭学报,2018,43(9):2444-2451.

［58］ 宋朝阳,纪洪广,刘志强,等.干湿循环作用下弱胶结岩石声发射特征试验研究［J］.采矿与安全工程学报,2019,36(4):812-819.

［59］ 宋朝阳,纪洪广,张月征,等.主应力对弱胶结软岩马头门围岩稳定性影响［J］.采矿与安全工程学报,2016,33(6):965-971.

[60] 宋朝阳,宁方波.弱胶结类岩石细观结构参数与其宏观力学行为的关联性研究进展[J].金属矿山,2018(12):1-9.

[61] 孙利辉,纪洪广,杨本生.西部典型矿区弱胶结地层岩石的物理力学性能特征[J].煤炭学报,2019,44(3):866-874.

[62] YOU S,JI H,WANG T,et al. Thermal and mechanical coupling effects on permeability of weakly cemented sandstone[J]. Emerging Materials Research,2018,7(2):100-108.

[63] ZHENG H,FENG XT,HAO X. A creep model for weakly consolidated porous sandstone including volumetric creep[J]. International journal of rock mechanics and mining sciences,2015,78:99-107.

[64] 汪泓,杨天鸿,徐涛,等.单轴压缩下某弱胶结砂岩声发射特征及破坏形式:以陕西小纪汗煤矿砂岩为例[J].金属矿山,2014,32(11):39-45.

[65] 赵永川,杨天鸿,肖福坤,等.西部弱胶结砂岩循环载荷作用下塑性应变能变化规律[J].煤炭学报,2015,40(8):1813-1819.

[66] 宋勇军,张磊涛,任建喜,等.基于核磁共振技术的弱胶结砂岩干湿循环损伤特性研究[J].岩石力学与工程学报,2019,38(4):825-831.

[67] 李忠建.半胶结低强度围岩浅埋煤层开采覆岩运动及水害评价研究[D].青岛:山东科技大学,2011.

[68] 李建伟.西部浅埋厚煤层高强度开采覆岩导气裂缝的时空演化机理及控制研究[D].徐州:中国矿业大学,2017.

[69] 孙利辉,纪洪广,蒋华,等.弱胶结地层条件下垮落带岩层破碎冒落特征与压实变形规律试验研究[J].煤炭学报,2017,42(10):2565-2572.

[70] 孙利辉.西部弱胶结地层大采高工作面覆岩结构演化与矿压活动规律研究[J].岩石力学与工程学报,2017,36(7):1820.

[71] 孙利辉.西部弱胶结地层大采高工作面覆岩结构演化与矿压活动规律研究[D].北京:北京科技大学,2017.

[72] 宁建国,刘学生,谭云亮,等.浅埋煤层工作面弱胶结顶板破断结构模型研究[J].采矿与安全工程学报,2014,31(4):569-574,579.

[73] 宁建国,谭云亮,刘学生,等.浅埋煤层弱胶结顶板破断演化规律及保水开采评价[M].徐州:中国矿业大学出版社,2017.

[74] 张洪彬,田成林,孙勰,等.浅埋煤层弱胶结顶板破断规律数值模拟研究[J].山东科技大学学报(自然科学版),2015,34(2):36-40.

［75］宋学峰,马文强,王同旭,等.再生顶板中弱胶结岩梁破坏机理的数值模拟
[J].煤矿安全,2017,48(10):182-185,190.

［76］王冰.弱胶结覆岩高强度开采岩层与地表移动规律研究[D].徐州:中国矿
业大学,2017.

［77］徐智敏,高尚,孙亚军,等.西部典型侏罗系富煤区含水介质条件与水动力
学特征[J].煤炭学报,2017,42(2):444-451.

［78］SINGH M M,KENDORSKI F S. Strata disturbance prediction for mining
beneath surface water and waste impoundments[C]. Proc 1st conference
on ground control in mining,Publ Morgantown:West Virginia Universi-
ty,1981.

［79］SCOTT B,RANJTIH P G,CHOI S K,et al. Geological and geotechnical
aspects of underground coal mining methods within Australia[J]. Envi-
ronmental earth sciences,2010,60(5):1007-1019.

［80］MENZEL D C. Implementation of the federal surface mining control and
reclamation act of 1977[J]. Public Administration Review,1981:212-219.

［81］COE C J,STOWE S M. Evaluating the impact of longwall coal mining on
the hydrologic balance[R]. University of Kentucky Office of Engineering
Services(Bulletin)UKYBU,1984,395-403.

［82］BOOTH C J. Confined-unconfined changes above longwall coal mining
due to increases in fracture porosity[J]. Environmental and engineering
geoscience,2007,13(4):355-367.

［83］HILL J G,PRICE D R. The impact of deep mining on an overlying aqui-
fer in western Pennsylvania[J]. Groundwater monitoring and remedia-
tion,1983,3(1):138-143.

［84］WALKER J S. Case study of the effects of longwall mining induced sub-
sidence on shallow ground water sources in the Northern Appalachian
Coalfield[M]. New York:US Department of the Interior,Bureau of
Mines,1988.

［85］TIEMAN G E,RAUCH H W. Study of dewatering effects at an under-
ground longwall mine site in the Pittsburgh Seam of the Northern Appa-
lachian Coalfield[J]. Eastern coal mine geomechanics,1987(07):72-89.

［86］范立民.神木矿区的主要环境地质问题[J].水文地质工程地质,1992,19

(6):37-40.

[87] 韩树青,范立民,杨保国.开发陕北侏罗纪煤田几个水文地质工程地质问题分析[J].中国煤田地质,1992,04(1):49-52.

[88] 缪协兴,孙亚军,浦海,等.干旱半干旱矿区保水采煤方法与实践[M].徐州:中国矿业大学出版社,2011.

[89] 范立民,马雄德,蒋泽泉,等.保水采煤研究30年回顾与展望[J].煤炭科学技术,2019,47(7):1-30.

[90] 张小明,侯忠杰.砂土基型浅埋煤层保水开采安全推进距离模拟研究[J].煤炭工程,2012(S1):91-93,96.

[91] 侯忠杰,肖民,张杰,等.陕北沙土基型覆盖层保水开采合理采高的确定[J].辽宁工程技术大学学报,2007,26(2):161-164.

[92] 师本强,侯忠杰.陕北榆神府矿区保水采煤方法研究[J].煤炭工程,2006(1):63-65.

[93] 张杰,侯忠杰.榆树湾浅埋煤层保水开采三带发展规律研究[J].湖南科技大学学报(自然科学版),2006,21(4):10-13.

[94] 赵兵朝.浅埋煤层条件下基于概率积分法的保水开采识别模式研究[D].西安:西安科技大学,2009.

[95] 赵兵朝,刘樟荣,同超,等.覆岩导水裂缝带高度与开采参数的关系研究[J].采矿与安全工程学报,2015,32(4):634-638.

[96] 赵兵朝,王守印,刘晋波,等.榆阳矿区覆岩导水裂缝带发育高度研究[J].西安科技大学学报,2016,36(3):343-348.

[97] 何兴巧.浅埋煤层开采对潜水的损害与控制方法研究[D].西安:西安科技大学,2008.

[98] 余学义,毛旭魏,郭文彬.孟巴矿厚松散含水层下协调保水开采模式[J].煤炭学报,2019,44(3):739-746.

[99] 缪协兴,陈荣华,白海波.保水开采隔水关键层的基本概念及力学分析[J].煤炭学报,2007,32(6):561-564.

[100] 缪协兴,浦海,白海波.隔水关键层原理及其在保水采煤中的应用研究[J].中国矿业大学学报,2008,37(1):1-4.

[101] 缪协兴,王安,孙亚军,等.干旱半干旱矿区水资源保护性采煤基础与应用研究[J].岩石力学与工程学报,2009,28(2):217-227.

[102] 浦海.保水采煤的隔水关键层理论与应用研究[J].中国矿业大学学报,

2010,39(4):631-632.

[103] 白海波,缪协兴.水资源保护性采煤的研究进展与面临的问题[J].采矿与安全工程学报,2009,26(3):253-262.

[104] 王双明,黄庆享,范立民,等.生态脆弱区煤炭开发与生态水位保护[M].北京:科学出版社,2010.

[105] 黄庆享.浅埋煤层长壁开采岩层控制[M].北京:科学出版社,2018.

[106] 黄庆享,张文忠.浅埋煤层条带充填保水开采岩层控制[M].北京:科学出版社,2014.

[107] 范立民,马雄德.保水采煤的理论与实践[M].北京:科学出版社,2019.

[108] 王双明,范立民,黄庆享,等.陕北生态脆弱矿区煤炭与地下水组合特征及保水开采[J].金属矿山,2009(S1):697-702,707.

[109] 黄庆享.浅埋煤层保水开采隔水层稳定性的模拟研究[J].岩石力学与工程学报,2009,28(5):987-992.

[110] 黄庆享.浅埋煤层覆岩隔水性与保水开采分类[J].岩石力学与工程学报,2010,29(S2):3622-3627.

[111] 黄庆享,赖锦琪.条带充填保水开采隔水岩组力学模型研究[J].采矿与安全工程学报,2016,33(4):592-596.

[112] 黄庆享,杜君武,侯恩科,等.浅埋煤层群覆岩与地表裂隙发育规律和形成机理研究[J].采矿与安全工程学报,2019,36(1):7-15.

[113] 黄庆享,曹健,杜君武,等.浅埋近距煤层开采三场演化规律与合理煤柱错距研究[J].煤炭学报,2019,44(3):681-689.

[114] ZHANG D,FAN G,MA L,et al. Aquifer protection during longwall mining of shallow coal seams:A case study in the Shendong Coalfield of China[J]. International journal of coal geology,2011,86(2-3):190-196.

[115] ZHANG D,FAN G,LIU Y,et al. Field trials of aquifer protection in longwall mining of shallow coal seams in China[J]. International journal of rock mechanics and mining sciences,2010,47(6):908-914.

[116] 刘玉德,张东升,范钢伟.沙基型浅埋煤层保水开采工程实践研究[J].湖南科技大学学报(自然科学版),2011,26(1):15-20.

[117] 刘玉德.沙基型浅埋煤层保水开采技术及其适用条件分类[D].徐州:中国矿业大学,2008.

[118] 马立强,张东升,刘玉德,等.薄基岩浅埋煤层保水开采技术研究[J].湖南

科技大学学报(自然科学版),2008,23(1):1-5.

[119] 马立强,许玉军,张东升,等.壁式连采连充保水采煤条件下隔水层与地表变形特征[J].采矿与安全工程学报,2019,36(1):30-36.

[120] 马立强,张东升,金志远,等.近距煤层高效保水开采理论与方法[J].煤炭学报,2019,44(3):727-738.

[121] 马立强,张东升,王烁康,等."采充并行"式保水采煤方法[J].煤炭学报,2018,43(1):62-69.

[122] 马立强,孙海,王飞,等.浅埋煤层长壁工作面保水开采地表水位变化分析[J].采矿与安全工程学报,2014,31(2):232-235.

[123] 马立强,张东升,董正筑.隔水层裂隙演变机理与过程研究[J].采矿与安全工程学报,2011,28(3):340-344.

[124] 范钢伟,张东升,马立强.神东矿区浅埋煤层开采覆岩移动与裂隙分布特征[J].中国矿业大学学报,2011,40(2):196-201.

[125] 张东升,马立强.特厚坚硬岩层组下保水采煤技术[J].采矿与安全工程学报,2006,23(1):62-65.

[126] 张东升,刘玉德,王旭锋.沙基型浅埋煤层保水开采技术及适用条件分类[M].徐州:中国矿业大学出版社,2009.

[127] 马立强,金志远,张东升.浅埋近距煤层保水开采机理与技术[M].北京:科学出版社,2019.

[128] 马立强,张东升.浅埋煤层长壁工作面保水开采机理及其应用研究[M].徐州:中国矿业大学出版社,2013.

[129] 范钢伟.浅埋煤层开采与脆弱生态保护相互响应机理与工程实践[D].徐州:中国矿业大学,2011.

[130] FAN G,ZHANG D. Mechanisms of aquifer protection in underground coal mining[J]. Mine water and the environment,2015,34(1):95-104.

[131] 范立民.论保水采煤问题[J].煤田地质与勘探,2005,33(5):50-53.

[132] 李文平,叶贵钧,张莱,等.陕北榆神府矿区保水采煤工程地质条件研究[J].煤炭学报,2000,25(5):449-454.

[133] 李文平,王启庆,刘士亮,等.生态脆弱区保水采煤矿井(区)等级类型[J].煤炭学报,2019,44(3):718-726.

[134] 马立强,余伊河,SPEARING AJS.保水采煤方法及其适用性分区——以榆神矿区为例[J].采矿与安全工程学报,2019,36(6):1079-1085.

[135] 许玉军.榆神矿区"五图-三带-两分区"保水采煤方法研究[D].徐州:中国矿业大学,2019.

[136] 刘洋,石平五,张壮路.浅埋煤层矿区"保水采煤"条带开采的技术参数分析[J].煤矿开采,2006,11(6):6-10.

[137] 王双明,黄庆享,范立民,等.生态脆弱矿区含(隔)水层特征及保水开采分区研究[J].煤炭学报,2010,35(1):7-14.

[138] 张文忠,黄庆享.浅埋煤层局部充填开采上行裂隙发育高度研究[J].煤矿安全,2014,45(4):40-42.

[139] 张杰.榆神府矿区长壁间歇式推进保水开采技术基础研究[D].西安:西安科技大学,2007.

[140] 王悦,夏玉成,杜荣军.陕北某井田保水采煤最大采高探讨[J].采矿与安全工程学报,2014,31(4):558-563,568.

[141] 王苏健,陈通,李涛,等.承压水体上保水采煤注浆材料及技术[J].煤炭学报,2017,42(1):134-139.

[142] 张发旺,侯新伟,韩占涛,等.采煤条件下煤层顶板"含水层再造"及其变化规律研究[C].第六届世界华人地质科学研讨会和中国地质学会二零零五年学术年会,中国内蒙古赤峰,2005.

[143] 刘玉德,闫守峰,张东升.浅埋薄基岩煤层短壁连采模式及应用研究[J].中国安全生产科学技术,2010,6(6):51-56.

[144] 张云,曹胜根,郭帅,等.含水层下短壁块段式采煤导水裂隙带高度发育规律研究[J].采矿与安全工程学报,2018,35(1):106-111.

[145] 张云.西部矿区短壁块段式采煤覆岩导水裂隙发育机理及控制技术研究[D].徐州:中国矿业大学,2019.

[146] 国家发展和改革委员会.关于新疆伊犁伊宁矿区总体规划的批复(发改能源〔2007〕430 号)[Z].北京:2007.

[147] 李回贵,李化敏,梁亚飞,等.岩石弱胶结岩石试件加工工艺[P].CN106338422B,2019-10-01.

[148] ULUSAY R. The ISRM Suggested methods for rock characterization, testing and monitoring:2007-2014[M]. Switzerland:Springer,2015.

[149] 中国煤炭工业协会.煤和岩石物理力学性质测定方法:GB/T23561-2010[S].北京:中国标准出版社,2011.

[150] 高明波,武新岭.新疆伊北煤田霍城县界梁子井田勘探报告[R].新泰:山

东省第一地质矿产勘查院,2008.

[151] HU D W,ZHANG F,SHAO J F,et al. Influences of mineralogy and water content on the mechanical properties of argillite[J]. Rock mechanics and rock engineering,2014,47(1):157-166.

[152] ATAPOUR H,MORTAZAVI A. The influence of mean grain size on unconfined compressive strength of weakly consolidated reservoir sandstones[J]. Journal of petroleum science and engineering,2018,171:63-70.

[153] 石油地质勘探专业标准化委员会.沉积岩中黏土矿物和常见非黏土矿物X射线衍射分析方法:SY/T 5163—2018[S].北京:石油工业出版社,2018.

[154] 钱鸣高,石平五,许家林.矿山压力与岩层控制[M].2版.徐州:中国矿业大学出版社,2010.

[155] 于德海,彭建兵.三轴压缩下水影响绿泥石片岩力学性质试验研究[J].岩石力学与工程学报,2009,28(1):205-211.

[156] ZHOU Z,CAI X,CAO W,et al. Influence of water content on mechanical properties of rock in both saturation and drying processes[J]. Rock mechanics and rock engineering,2016,49(8):3009-3025.

[157] 蔡美峰,何满潮,刘东燕.岩石力学与工程[M].2版.北京:科学出版社,2013.

[158] HSIEH Y,LI H,HUANG T,et al. Interpretations on how the macroscopic mechanical behavior of sandstone affected by microscopic properties-Revealed by bonded-particle model[J]. Engineering geology,2008,99(1-2):1-10.

[159] ZHOU Z,CAI X,CAO W,et al. Influence of water content on mechanical properties of rock in both saturation and drying processes[J]. Rock mechanics and rock engineering,2016,49(8):3009-3025.

[160] LINDQVIST J E,ÅKESSON U,MALAGA K. Microstructure and functional properties of rock materials[J]. Materials characterization,2007,58(11-12 SPEC. ISS.):1183-1188.

[161] PENG J,WONG L N Y,TEH C I. Influence of grain size heterogeneity on strength and microcracking behavior of crystalline rocks[J]. Journal

of geophysical research-solid earth,2017,122(2):1054-1073.

[162] SAJID M,COGGAN J,ARIF M,et al. Petrographic features as an effective indicator for the variation in strength of granites[J]. Engineering Geology,2016,202:44-54.

[163] 石崇,徐卫亚. 颗粒流数值模拟技巧与实践[M]. 北京:中国建筑工业出版社,2015:66-67.

[164] MARTIN C D. The strength of massive Lac du Bonnet granite around underground openings [D]. The United States:University of Manitoba,1993.

[165] 李晓红,卢义玉,康勇,等. 岩石力学实验模拟技术[M]. 北京:科学出版社,2007.

[166] 马立强. 沙基型浅埋煤层采动覆岩导水通道分布特征及其控制研究[D]. 徐州:中国矿业大学,2007.

[167] 程海涛,刘保健,柳学花. 黄土地基积水入渗规律研究[J]. 中外公路,2008,28(6):29-31.

[168] 黄义,何芳社. 弹性地基上的梁、板、壳[M]. 北京:科学出版社,2005.

[169] GAO F Q,STEAD D. The application of a modified Voronoi logic to brittle fracture modelling at the laboratory and field scale[J]. International journal of rock mechanics and mining sciences,2014,68:1-14.

[170] ITASCA CONSULTING GROUP I. UDEC:Universal Distinct Element Code,Version 6. 0[M]. MN,USA Merifield:Minneapolis,2014.

[171] GAO F. Simulation of Failure Mechanisms around Underground Coal Mine Openings Using Discrete Element Modelling[D]. Vancouver:Simon Fraser University,2013.

[172] LI X,JU M,YAO Q,et al. Numerical Investigation of the effect of the location of critical rock block fracture on crack evolution in a gob-side filling wall[J]. Rock mechanics and rock engineering,2016,49(3):1041-1058.

[173] LIU H,ZHANG D,ZHAO H,et al. Behavior of weakly cemented rock with different moisture contents under various tri-axial loading states [J]. Energies,2019,12(8):1563.

[174] YU H,LIU H,HANG Y,et al. Deformation and failure mechanism of

weakly cemented mudstone under tri-axial compression:from laboratory tests to numerical simulation[J]. Minerals,2022,12(2):153.

[175] CHEN Z,LIU H,ZHU C,et al. Seepage characteristics and influencing factors of weakly consolidated rocks in triaxial compression test under mining-induced stress path[J]. Minerals,2022,12(12),1536.

[176] 张茹,谢和平,刘建锋,等.单轴多级加载岩石破坏声发射特性试验研究[J].岩石力学与工程学报,2006,25(12):2584-2588.

[177] 李庶林,尹贤刚,王泳嘉,等.单轴受压岩石破坏全过程声发射特征研究[J].岩石力学与工程学报,2004,23(15):2499-2503.

[178] 谢强,张永兴,余贤斌.石灰岩在单轴压缩条件下的声发射特性[J].重庆建筑大学学报,2002,24(1):19-22,58.

[179] 杨永杰,王德超,郭明福,等.基于三轴压缩声发射试验的岩石损伤特征研究[J].岩石力学与工程学报,2014,33(1):98-104.

[180] 张百胜.极近距离煤层开采围岩控制理论及技术研究[D].太原:太原理工大学,2008.

[181] 煤炭科学研究院北京开采研究所.煤矿地表移动与覆岩破坏规律及其应用[M].北京:煤炭工业出版社,1981.

[182] 张吉雄.矸石直接充填综采岩层移动控制及其应用研究[D].徐州:中国矿业大学,2008.

[183] 许家林.岩层采动裂隙演化规律与应用[M].徐州:中国矿业大学出版社,2016.

[184] 许家林,秦伟,轩大洋,等.采动覆岩卸荷膨胀累积效应[J].煤炭学报,2020,45(1):35-43.

[185] DETOURNAY E. Elastoplastic model of a deep tunnel for a rock with variable dilatancy[J]. Rock mechanics and rock engineering, 1986, 19(2):99-108.

[186] ALEJANO L R,ALONSO E. Considerations of the dilatancy angle in rocks and rock masses[J]. International journal of rock mechanics and mining sciences,2005,42(4):481-507.

[187] SALAMON M D G. Mechanism of caving in longwall mining[R]. Rock Mechanics Contributions and Challenges:Proceedings of the 31st U. S. Symposium. Golden,1990:161-168.

[188] PAPPAS D M, Mark C. Behaviour of simulated longwall gob material [R]. Report of Investigations, US Department of the Interior. Bureau of Mines, RI-9458, 1993:39.

[189] 刘洪林,肖杰,甄文元,等.弱胶结地层重复采动覆岩渗透性演化规律研究 [J].煤矿安全,2022,53(12):218-225.

[190] 黄庆享,胡火明.黏土隔水层的应力应变全程相似模拟材料和配比实验研 究[J].采矿与安全工程学报,2017,34(6):1174-1178.

[191] 吕波.近浅埋薄基岩煤层季节性地表水体下分段限厚开采研究[J].煤矿 开采,2018,23(2):53-56.

[192] 王悦.榆树湾煤矿保水采煤技术方案研究[D].西安:西安科技大 学,2012.

[193] 缪协兴,巨峰,黄艳利,等.充填采煤理论与技术的新进展及展望[J].中国 矿业大学学报,2015,44(3):391-399,429.

[194] 常庆粮.膏体充填控制覆岩变形与地表沉陷的理论研究与实践[D].徐 州:中国矿业大学,2009.